KB260923

꿈꾸는 귀농귀촌, 바람직한 귀농귀촌

꿈꾸는 귀농귀촌, 바람직한 귀농귀촌

귀농귀촌 완전정복

한재형 지음

Preface

　농사는 자연과의 이야기이다. 맑은 마음, 좋은 마음을 갖고, 향기로운 말로 이야기를 나누며 농사를 지으면 작물도 그 말을 알아듣고, 마음을 읽어 향기로운 곡식과 열매로 답례를 해준다. 농사는 자연을 사랑하고 땅을 사랑할 줄 아는 이가 지어야 한다. 이만 탐하며 짓는 농사는 진정한 농사가 아니다. 마지못해 마지막 종착역에서 할 수 없이 짓는 것이 농사가 아니다. 진정으로 자연을 사랑하고 땅을 사랑하는 사람만이 진정한 농사꾼으로 온전한 먹거리를 생산할 수 있다.

　한국 현대화물결의 한복판에서 온몸으로 부딪치며 치열한 삶을 살아온 소위 베이비부머세대(1955년~1963년 태생 758만여 명)들, 머리는 어느덧 반백으로 물들어 버리고 위아래에서 치이며 자식 뒷바라지에 세월을 묻어 정작 자신들의 노년준비는 아예 생각지도 못한 채 현재를 버티어내고 있는 이들이 인생 1막의 종언을 고하고 인생 2막으로의 화려한 비상을 꿈꾸며 귀농귀촌을 준비하고 있다.

　나는 농촌에서 태어나 사십 년 이상을 도시에 적을 두고 살고 있지만 수년 전 혼자되신 어머니께서는 도시생활의 답답함을 견뎌내기 힘드신지 도시생활을 굳이 마다하시고 특별한 경우 외에는 시골집에 계신다.

　무녀독자에다 공무원이셨던 아버지 대신 온 집안일을 도맡아 농사를 지으셔야 했던 어머니께서는 칠남매 자식들 학자금에 보태기 위해 벼, 보리, 콩 농사는 기본이고 마늘, 고추, 밀 등의 작물에다 고구마, 감자, 양파 등의 농사도 지으셨다. 때문에 나를 비롯한 우리 자식들은 모두 방학 때는 물론 시간 날 때마다 집안 농사일을 거들어 들여야만 했고, 세월이 흐르면서 어느 때인가부터는 거의 반농사꾼이 되다시피 하면서 농사일에 눈이 뜨이게 되었다. 이제는 90이 넘으신 어머님께서 세월의 탓으로 인해 몇 해 전부터는 농사일에서 손을 떼셨다. 논이나 밭 대부분은 한국농어촌공사 농지은행에 임대위탁을 맡겨놓으셨으나 텃밭 천여 평에 대해서는 남의 손에 맡길 수 없다는 것이 어머니 지론이셨기 때문에 자의반타의반으로 내가 직접 텃밭농사를 짓기로 하고 7년 정도 도시와 시골을 왕래하면서 텃밭농사를 짓고 있다. 고추, 고구마, 마늘, 양파, 콩, 오이, 토마토, 녹두, 강낭콩, 참깨, 들깨 등의 농사를 지으며 형제들과 나눠먹고 있지만 아직도 어머니의 도움을 많이 받고 있다. 이런 연유로 늘 농사에 관심을 가질 수밖에 없었고 자신도 모르는 사이 베테랑농사꾼에는 미치지 못하더라도 농사일 전반에 대한 흐름을 읽을 수 있게 된 것 같다. 또한 이런 과정에서 자연히 귀농인들의 농촌정착과정과 성공·실패 등은 물론 귀농인들에 대한 정부정책에 대해 관심을 가질 수밖에 없었고, 이런 일련의 과정 속에서 예비귀농인들에 대하여 도움을 줄 수 있는 방법을 모색하던 중 본 저서를 집필하게 되었다.

농사는 하심이다. 기다리는 인내심과 끈기를 가져야함은 물론 숙일 줄 아는 겸손이 필요하다. 그렇게 낮은 자세로 자연을 대하고 땅을 대해야 한다. 땅은 거짓말을 하지 못한다. 가꾸는 대로 자라고 손가는 만큼 결실을 안겨다 준다. 하지만 농사일은 생각보다 무척 힘이 든다. 노력한 만큼 보상이 따르지 못하는 경우도 허다하다. 아무리 노력해도 홍수나 태풍, 대설 등의 자연재해와 새나 산짐승 등의 습격으로 한해의 꿈이 망가지고 여러

해 공들인 꿈이 망가지기도 한다. 하지만 농사일로 잔뼈가 굵은 우리 베테랑농사꾼들은 이를 숙명처럼 받아들이고 버텨내며 이겨내는 힘이 있다. 그러나 몇 년 차 귀농인들이나 새내기 귀농인들은 이를 이겨낼 뒷심이 부족하다. 때문에 귀농인들은 농사일을 시작함에 있어 아주 조심스럽게 접근하고 다가가야 한다.

예비 귀농인들은 귀농을 함에 앞서 평소 꿈에 그리던 전원과는 전혀 다른 농촌의 실제 모습을 피부로 깨닫는 과정이 필요하다. 아주 소소하고 조그마한 지식을 전부 알고 있는 양 착각하면서 막연한 자신감만으로 무장한 채 일을 저지른다면 회복이 불가능한 고난한 인생2막을 보내야 할지도 모른다.

서점에 가보면 귀농귀촌에 관한 책이 많이 나와 있다. 모두 좋은 내용이고 귀농귀촌하려는 분들에게 유용한 책들이다. 하지만 성공담만으로 가득 찬 내용 속에서 자칫 예비귀농인들에게 장밋빛 환상만을 심어주는 저자의 본래 집필의도와는 전혀 다른 역효과를 불러올 수도 있겠다는 우려가 든다. 평생 농사일을 천직으로 살아온 베테랑농사꾼들 중 아주 소수만이 도달한 성공사례임에도 불구하고 아직 귀농정착과정 진행 중으로 볼 수 있는 새내기 몇년 차 귀농인에게 기업농의 성공사례를 보기로 들고 있어 걱정된다. 물론 초보귀농인들이라 해서 농사에 성공하지 말란 법은 없다. 하지만 농사는 아무리 선진화된 농사장비를 갖췄다 하더라도 햇빛, 물, 온도 등 자연의존도가 거의 절대적이고 많은 부분을 농사경험과 신체감각으로 때워야 하는 힘든 일이기 때문에 농사초보가 성공하기엔 힘든 부분이 너무 많이 존재한다.

때문에 성공사례도 중요한 정보이지만 실패한 귀농사례도 예비귀농인들에게는 매우 중요하고 소중한 정보임으로 반드시 숙지해 타산지석으로 삼아야 한다.

농사일이란 게 생각보다 아주 디테일하다. 예를 들면 파종시기를 조금만 늦춰도 수확량이 생각보다 크게 감소한다. 물이나 비료를 너무 많이 주어도 적게 주어도 작황에 큰 영향을 미친다. 병충해에 대한 대비도 미리미리 준비하고 예방해야 한다. 과수농사는 일반 작물 농사보다 더 일이 많다. 과수원집 딸 스물 안 넘긴다는 말도 있다. 일이 너무 많아 스물 넘기도 전에 시집가버린다는 말이다. 과수농사는 농한기가 없다. 일년 내내 과수원에서 살아야 한다. 물론 겨울철에는 조금 한가하기는 하지만 그래도 일거리가 있다. 귀농인들이 몸으로 부딪치는 농촌생활은 여행 가서 만나는 여유를 즐기고 자연을 즐기는 전원의 모습이 아니라 삶을 영위해야 하는 치열한 생존의 장이다. 이제껏 눈에 익고 몸에 익은 도시의 모습과는 농촌의 모습은 확연히 다르다. 해만 지면 적막강산이 따로 없다. 때문에 겨울의 밤은 무척 길다.

농촌생활을 시작하고자 한다면 도시의 모습과는 너무 다른 농촌의 진짜모습을 이해하고 즐길 줄 알아야 견뎌낼 수 있다. 이도저도 아니면 농사나 짓지 하는 안이한 생각으로 귀농을 감행하는 사람은 없겠지만 혹시라도 적당히 알고, 적당히 배우고, 적당히 노력하고, 적당히 지내면서 적당히 살려고 하는 예비귀농인이 있다면 귀농을 포기하라고 권하고 싶다. 슬

로건은 인생2막의 새로운 시작으로 거창하게 내세우며 그저 어떻게 되겠지 하는 안이한 자세와 마음가짐을 갖고 귀농한다면 실패는 불 보듯 뻔한 것 아니겠는가.

햇볕 좋은 가을 탐스럽게 익어가는 과일향이 그득한 과수원이나 노랗게 물든 들녘 풍요로움의 이면에 숨어 있는 우리 농부들의 땀방울을 고마워할 줄 아는 이들이 귀농을 해야 한다.

우리 고향마을에도 귀농인 한 분, 귀촌인 한 분이 몇 해 전에 들어와 살고 계신다. 과연 이분들이 어떻게 순조롭게 정착할 것인지 관심 있게 지켜보고 있다.

이 책에서는 귀농에 성공한 분들의 이야기는 싣지 않기로 했다. 이미 너무 많은 귀농성공담이 책이나 언론 등을 통해 흘러넘치도록 소개되고 있기 때문이다. 또한 나름대로 귀농에 성공한 분들과 귀농에 실패해 역귀농을 준비하고 있는 분 등 여러분에 대한 자료를 갖고 있지만 따지고 보면 성공 이유의 줄거리는 같을 수밖에 없다는 점과 너무 성공한 분들의 성공담만 듣다보면 자칫 이에 세뇌될 수도 있다는 우려가 들기 때문이기도 하다. 때문에 이 책에서는 성공한 분들의 농촌에 대한 가치관이나 적응과정, 농사에 대한 철학 등과 실패한 분들의 실패 이유를 분석해 이들의 행태를 분석한 자료를 싣는 것으로 만족하기로 했다. 추후 시간이 된다면 다양한 성공담과 실패담에 대한 사례만을 엮어 예비귀농인 독자 여러분들과 만날 예정이다.

끝으로 오랜 시간의 공백기에도 불구하고 본서의 출간을 선뜻 허락해
주신 법률출판사 김용성 사장님께 감사를 드리고, 출판되기까지 고생하
신 한석희 편집실장께도 감사의 마음을 전한다.

또한 이번에도 예외없이 이 책이 나오기까지 자료정리와 함께 자문을
아끼지 않은 아내이자 친구인 오지선씨께도 감사의 마음을 전하고 싶다.

귀농귀촌을 준비하시는 예비 귀농귀촌인분들께 조금이나마 도움이 되
었으면하는 바램이 앞선다.

독자여러분의 아낌없는 지도편달을 기대하며...

2013년 11월 초순

만산홍엽 晩秋에 寓居에서

한 재 형

Contents

제1장 귀농! 어떻게 준비하나?

제2장 본격적으로 떠나는 귀농여행!

제3장 귀농 전 꼭 알아야 할 것들

제1장

귀농! 어떻게 준비하나?

1. 전원 교향곡

60년대, 70년대까지만 해도 나의 살던 고향은 꽃피는 산골이었다. 하지만 80년대 이후 근대화물결이 농촌 구석에까지 미치면서 산과 들 곳곳이 농공단지로 바뀌거나 수많은 공장이 들어서며 파헤쳐지고 상당수의 임야가 전이나 축사, 과수원 등으로 그 모양을 달리하면서 이제 웬만한 시골에서는 제대로 된 옛 농촌모습을 보기가 어려워졌다. 어찌 보면 세월의 변화에 따라 당연히 변화해야 할 모습인지도 모른다. 하지만 보존되어야 할 부분과 개발되고 바뀌어야 할 부분의 우선순위를 제대로 정해 개발해왔더라면 좀 더 품위 있고 멋있는 농촌모습으로 변해있지 않았을까 하는 아쉬움도 있다. 하지만 대다수 농촌은 여전히 아름다운 자연을 병풍처럼 배경으로 하여 존재하는 만큼 도시와는 전혀 다른 모습을 갖고 있다. 여기에 도시인들이 시골이라 일컫는 농촌에 대한 환상의 착시현상이 일어나지 않나 싶다. 치열한 도시의 삶이 몸에 익은 도시인들의 눈에 비친 농촌은 여유로움을 한껏 즐길 수 있는 복숭아꽃 살구꽃 피는 모습일 뿐 농촌의 참 모습을 보지 못하고 있는 것 같다. 잠시 휴가때나 관광철에 지나치듯 둘러본 모습이 농촌의 모습이라 판단하고 있는 것은 아닌지. 로마에 가면 로마법을 따라야 하듯 귀농귀촌을 한다면 농촌의 모습을 구석구석 알아보고 그 행태나 가치관을 이해하고 따라 할 마음자세를 갖추고 있어야 한다. 아주 오랜 세월 동안 대를 이어 살아오면서 만들어진 그들 나름대로의 생활모습과 관습이 자리하고 있는데, 그 대척점에 자리하고 있는 도시인들이 파고들어 안착하기에 그리 녹녹지 않다는 점이 귀농을 원하는 도시인들에게 부담으로 작용하고 있다.

귀농은 단순히 도시에서 시골로 농촌으로 이사하는 게 아니라 삶의 패턴을 전혀 다른 모습으로 바꾸는 터닝포인트로서 제2의 삶을 찾는 것이기에 여러 가지 면에서 신중하게 접근해야 하는 것이다. IMF 이전까지만 하더라도 귀농에 대한 사회적 인식은 높지 않았다. 그러나 IMF 직후 대기업이 파

산하고 수많은 중소기업들이 문을 닫으면서 거리로 쏟아져
나온 직장인들이 피난처로 삼아 숨어들다시피 했던 귀농이
2009년도 이후 제대로 사회적인 주목을 받기 시작하면서 본
궤도에 오르게 되었고, 2011년도 귀농귀촌세대가 1만 세대
를 돌파하면서 정식으로 귀농귀촌시대를 예고하고 있다. 최
근에는 귀농학교를 수료하거나 농업대학을 졸업한 젊은이들
까지 대거 귀농 대열에 합류하면서 예전의 수동적 · 소극적
귀농에서 능동적 · 적극적 귀농으로의 변화 즉, 생계형 귀농
에서 창업형 · 기업형 귀농으로 트렌드가 변화하고 있다.

이제는 본격적인 고령화시대를 맞아 은퇴 후 제2의 삶에 대
한 기대와 가치가 커지고 있고 이에 대한 대비를 해야 한다.

2. 귀농귀촌은 전반기 삶의 출구전략?

귀농귀촌은 어느 날 갑자기 가족에게 귀농귀촌해 살겠노라 통보하고 떠나는 전반기 삶으로부터의 출구전략일까? 귀농귀촌은 전반기 삶의 터닝포인트에서 새로운 2장을 시작하는 가장 큰 결단이기 때문에 그냥 그렇게 적당히 생각해 재미삼아 떠나는 미지로의 여정은 결코 아니다. 그렇다고 순서를 정해 놓고 머리 터지게 고민하고 공부해서 떠나는 여정도 또한 아니다. 특별히 순서를 정해놓고 순서에 따라 익히고 배워 귀농이라는 새로운 삶의 여정을 시작할 필요는 없다. 미디어를 통해서든 친구를 통해서든 어디에서든 귀농의 동기를 얻었다면 그때부터 서서히 자연스럽게 귀농에 대해 접근해보는 것이 순서이다. 귀농은 자신이 이제껏 살아온 삶의 패러다임을 전체적으로 전환시켜버리는 대단한 결단이므로 단번에 해결하겠다는 생각은 버리고 과연 자신이 성공적인 귀농을 할 수 있을 것인지 테스트하는 의미에서 최소한의 몇 단계 과정을 온몸으로 체험해보고 결정하는 것이 좋다.

　귀농하기로 마음을 굳혔다면 우선 가장 먼저 가족의 동의를 얻어야 한다. 가족의 동의를 구하지 못한 귀농은 정착하기가 힘들어 실패한 귀농이 될 가능성이 높다. 가족동의를 얻었다면 앞서 귀농한 선배귀농인이나 친척농가들을 포함한 다양한 농가방문을 통해 농촌과 농민의 일상을 들여다보고 자신이 과연 이들과 같이 농업에 종사하면서 진정한 농민으로 거듭날 수 있을지 돌아보아야 한다. 주말농장과 같은 체험영농을 통해 농사일을 직접경험해 볼 수도 있다. 물론 이러한 체험영농은 사소한 경험일지라도 소중한 영농자산이 될 수 있다는 점에서는 이의가 없지만 실제 귀농하여 삶을 영위하기 위한 농사일과는 많은 차이가 있을 수 있다. 때문에 기왕 귀농하기로 마음에 결정을 하였다면 자신이 선택한 농작물을 재배하고 있는 농가를 찾아 품삯을 받고 일해 보는 직접체험이 좋다. 이런 체험을 통해 농작물재배에 관한 노하우를 배울 수 있고, 판매처도 알아볼 수 있는 기회가 되기도 한다. 이와 같은 직간접경험을 통해 영농에 대한 자신을 얻고 귀농에 대한 막연한 두려움과 부담감을 떨쳐버릴 수 있을 때 귀농을 실행해야 한다.

미리 스케줄을 짜놓고 그 스케줄대로 움직이면서 귀농준비를 하는 것도 좋지만 그보다는 자신의 형편에 맞게 순서에 구애받지 않고 직간접적인 경험을 해본 후 이 모든 과정을 일목요연하게 하나로 정리해 구성해 놓으면 아주 훌륭한 귀농준비 일지가 만들어지게 되는 것이고 이 귀농준비일지에 따라 준비하면 되는 것이다.

특별히 농촌과 인연 없이 지금까지 살아온 도시인들이 농촌에 대해 갖고 있는 의식은 두 가지로 요약해볼 수 있을 것 같다. 하나는 농촌에 대해 너무 모르고 있으면서 쉽게 생각할 수 있다는 것이고, 다른 하나는 너무 모르기 때문에 어렵게 생각할 수 있다는 것이다. 첫 번째에 대한 이유는 농촌생활에 대한 아무런 경험도 지식도 없는 상태에서 주마간산격으로 보아온 자신이 갖고 있는 농촌에 대한 전반적인 모습이 실제로도 같을 것이라 판단하여 너무 안이하게 일을 벌이는 편견이 지나쳐 신중함이 결여된 경우일 것이고, 두 번째에 대한 이유는 모른다는 이유로 신중함이 지나쳐 너무 어렵게 생각해 농촌으로의 발걸음을 스스로 가로막으며 귀농 언저리에서 맴돌고 있는 경우이다.

일반적으로 사람들은 본능적으로 생소한 환경 속으로 들어가는 것에 많이 어색해하고 주저한다. 요즈음 많은 직장 은퇴자들이나 도시 젊은이들이 도시생활을 은퇴하고 제2의 삶을 영위하고자 농촌으로 발걸음을 옮겨 귀농 혹은 귀촌을 한다. 여기서 귀농은 농사를 지어서 먹고 사는 문제를 해결하는 것을 말하고, 귀촌은 먹고 사는 문제는 예금이나 건물·상가·주택 등에서 나오는 이자나 월세를 받아 삶을 해결하고 전원주택을 지어 기거하며 조그마한 텃밭 등을 소일거리로 가꾸며 전원생활을 즐기는 경우를 말한다. 따라서 여유가 있는 사람들은 귀농이나 귀촌 중 하나를 택한 삶을 살 수 있을 것이고 반대로 여유가 없는 사람들은 귀촌보다는 귀농을 택할 수밖에 없을 것이다. 그러나 귀촌의 경우 당분간은 지낼 수 있겠지만 오랜 기간을 하는 일 없이 손 놓고 산다는 것은 추천할 만한 일도 아니고 실제 삶도 무미건조해질 수 있기 때문에 권장할 만한 일도 아닌 것 같다. 따라서 귀촌과 같이 일단 농촌으로 발걸음을 하고자 할 경우에도 어떤 농사를 짓던, 또는 농사규모의 대소와 관계없이 해야 할 일을 정해놓고 움직여야 한다는 것이다. 결국에 가서는 귀농이나 귀촌은 같은 길을 갈 수밖에 없다. 종묘공원이나 1호선 전철, 경춘선 전철을 타보면 느낄 수 있을 것이다. 할 일이 없다는 것이 얼마나 인생말년을 보잘것없이 하찮게 보낼 수 있는 것인지, 반대로 나이가 들더라도 몸을 움직일 수 있는, 할 일이 있다는 것이 얼마나 축복받은 삶인지, 행복한 삶인지 말이다.

3. 내가 알고 있는 농촌은?

무릇 어떤 일을 하려 할 때 그 일에 대한 목표가 정확하게 설정되어 있지 않았다면 그 일에 대한 계획을 세울 수도 없을 뿐 아니라 추진할 수도 없다. 귀농을 하려 할 경우 왜 귀농귀촌을 하려는지에 대한 뚜렷한 가치관과 목표의식이 설정되어 있지 않았다면 일단 멈춰 서서 그에 대한 해답을 찾은 연후 다시 시작해야 한다. 또한 삶의 패러다임을 바꾸는 중차대한 선택의 기로에서 등 떠밀려 하는 식의 결정은 절대 해서는 안 된다. 농촌생활을 이해하고 여기에 적응해서 헤쳐 나갈 자신이 있을 경우에만 귀농귀촌을 결심해야 한다. 농촌은 도시와는 전혀 다른 세상이다. 영화관이나 대형마트도 없고, 병원도 약국도 없고, 학교 다니는 아이들이 있는 경우 학교까지 한 시간 이상 걸어가야 하는 지역도 곳곳에 있기 때문에 이런 경우 차로 등교시켜줘야 하는 불편함도 있을 수 있음을 사전에 알고 있어야 한다. 시골은 해만 지면 적막강산이 따로 없다. 동네 몇 군데 켜진 가로등 불빛만 반짝이고 군데군데 떨어져 있는 집에서 비쳐지는 전등불과 개 짖는 소리가 사람 사는 동네임을 확인해주는 표식 정도임도 알아야 한다. 한 여름은 저녁 아홉 시경까지도 어둡지 않으므로 씻고 저녁 먹고 나면 밤 열 시쯤 되기 때문에 밤이 길게 느껴지지 않는다. 더위가 기승을 부리는 여름철 햇볕이 내리쬐는 한낮은 일을 할 수 없다. 때문에 해뜨기 전 아침 일찍 일어나 아침식사 전까지 낮일을 보충해야 하기 때문에 늦게 자고 일찍 일어남에 따라 밤이 그리 길다 느껴지지 않지만 겨울철은 애기가 달라진다. 저녁 5시만 되어도 어두워지기 때문에 여섯 시쯤 저녁 먹고 나면 그때부터 할 일이 없어진다. 요즘에는 그런대로 TV도 보고 컴퓨터나 스마트폰도 하기 때문에 그리 지겹지 않을 수도 있지만 컴퓨터나 스마트폰 등의 이용에 애로사항을 느끼시는 나이 많으신 어르신들 입장에서는 애기가 달라진다. 귀농하려 한다면 어떤 농사를 짓든 농촌에 입성하려는 확고하고도 뚜렷한 동기와 목표가 있어야 한다. 이를 전제로 어느 고을에 자리 잡을 것인가, 어떤 농작물을 재배할 것인가, 땅은 몇 평이나 사야 할까, 자금관리는 어떻게 해야 하나 하는 등의 구체적인 계획을 세울 수가 있고, 계획이 구체화되면서 전체적인 구도가 잡히게 되고 동시에 실제 실행에 옮길 수 있게 되는 것이다.

　예비 귀농인들이 반드시 염두에 두어야 할 사항 중 하나는 농촌은 엘도라도가 되기엔 너무 어려운 난관이 곳곳에 자리하고 있다는 것이고, 다른 하나는 친구 따라 강남 가지 말라는 것이다. 많은 매체에서 귀농 붐이 일고 있다는 기사가 심심찮게 나오고 있는데 이렇게 귀농 붐을 언급하면서 이러한 트렌드에 따라가지 못하면 자칫 삶의 행보에서 뒤쳐질 수도 있는 것처럼 판단할 수도 있게 만드는 것은 자칫 귀농도 생명력이 아주 짧은 패션유행처럼 쉽게 생각해 판단하고 접근하게 함으로써 한 가정의 엄청난 정신적·경제적 손실은 물론 사회적으로도 큰 파장을 야기할 수 있다는 점에서 언론매체에서도 신중하고도 조심성 있게 접근해야 할 것으로 사료된다. 다시 말하지만 결코 귀농이 유행이 되어서는 안 된다. 평생 벌어놓은 재산을 자칫 미흡한 선택으로 빼도 박도 못하는 처지에서 날려버리고 선택의 기회마저 잃어버린다면 처자식을 비롯 온 가족이 불우한 세월을 보낼 수도 있기 때문이다. 따라서 나홀로 농촌행을 결행할지라도 그것이 다양한 채널을 통해 설정된 내 가치관에 의해 결정되고 실행되어야 한다. 물론 혼자 가는 길보다는 여럿이 가는 길이 덜 위험하고, 덜 심심하고, 정보를 얻는 채널도 좀 더 다양화되고, 의지도 되는 좋은 점이 한 두 가지가 아닐 것이지만 친구 따라 강남 갈 필요는 없다는 것이다. 자신만의 치우치지 않은 확고한 신념과 가치관에 따라 철저하게 준비된 후 움직이면 되는 것이다. 이러할 때만 후회 없는 농촌에서의 삶이 준비되고 실천될 수 있는 것이다. 내려오자마자 적응하지 못해 매일 후회하고 비관하고 있다면 이것은 아주 잘못된 불행한 귀농귀촌이 될 수 있음을 명심 또 명심해야 한다. 조언은 받되 무조건 따라 하지는 말아야 한다.

농촌은 도시에서처럼 혼자 살 수 없는 공동체의식이 강한 문화적 타성을 예로부터 지녀온 사회이다. 농사일은 물론 가정 대소사에 이르기까지 이웃의 도움을 받아야 하는 일들이 너무 많이 존재하기 때문이다. 따라서 예비귀농인들은 농촌의 좋은 모습만 보고 귀농귀촌하려 하지 말고, 이러한 농촌의 문화적 특성을 이해하고 받아들일 수 있는 상태에서 온몸이 햇볕에 검게 그을리고 파리와 모기 등 온갖 벌레와의 전

쟁도 불사해야 하며, 겨울의 추위 등 농촌의 특수한 현실과 환경을 바로 쳐다보고 이것을 받아들일 수 있을 때 귀농귀촌을 결행해야 한다. 작금의 농촌에서는 60대가 청년회장을 하는 마을도 있을 정도로 70대, 80대 노인들이 주축을 이루며 마을이 경로당화 되어 가고 있어 앞으로 5년 후, 10년 후의 농촌 모습이 어떻게 변할지 장담할 수 없게 되었다. 이제 귀농을 하려 할 경우 연세가 많으신 마을 어르신들과의 교감을 어떻게 가져야 할 것인지도 심각하게 고민해봐야 한다.

4. 귀농준비절차

　귀농하기까지 예비귀농인들은 귀농 준비를 어떻게 해야만 시행착오 없이 귀농에 무난히 정착할 수 있을까. 우선 귀농을 준비함에 있어 시작이 반이라고 처음 귀농 결심을 하기까지 가장 힘든 심적 고비를 넘어서야 한다. 어려운 심적 고비를 넘겨 실질적인 귀농 준비를 함에 있어 무엇보다 중요한 반드시 짚고 넘어가야 할 수순이 있다면 그것은 가족의 동의 특히 배우자의 동의를 얻어내는 것이다. 가족 모두 둘러앉아 허심탄회하게 마음을 열어놓고 제대로 된 합리적 토론을 한 이후 일치된 결론을 얻어내야 한다. 이러한 과정을 거쳐 가족의 원만한 동의를 받아냈다고 한다면 이 다음 행보는 오히려 쉽다. 이러한 과정도 밟지 않고 자신만의 일방적 결정으로 귀농을 결심하고 결행하려 한다면 참으로 쉽지 않은 귀농이 될 수 있다. 가족의 반대에도 불구하고 혼자서 귀농하여 제2의 삶을 꿈꾼다는 것이 얼마나 모순되는 이야기인가.

농림축산식품부와 통계청이 2013년 3월 28일 발표한 2012년도 '귀농귀촌인 통계' 자료에 따르면 귀농인구는 19,657명(11,220가구), 귀촌인구는 27,665명(15,788가구)으로 특히 귀농가구는 2011년도에 비해 11.4% 증가세를 보이고 있다. 일인 귀농인들이 차지하는 비율이 전체 귀농가구 11,220가구(19,657명) 중 57%나 차지하고 있는데 이들 중 얼마나 가족 구성원들의 동의 하에 귀농하게 되었는지 이들 귀농인들의 앞으로의 추이가 주목된다.

다음 단계로서 작물을 선택해야 하는데 귀농해 자신이 제일 자신 있게 해낼 수 있는 작물을 선택해야 한다. 그러나 이 작물 선택하기가 참으로 어렵다. 오죽하면 작물 선택에는 답이 없다고 하지 않는가. 이 작물 선택 여부에 따라 정착지가 결정되고 투자금이 결정되는 것이다. 작물 선택이 결정되었다면 선택된 작물에 대한 영농기술을 습득하는 것이 순서다. 만약 정착지를 미리 결정해놓고 있었다면 해당 농업기술센

터나 지역 주민들의 의견을 구해 농사 초보인 귀농인으로서
어느 작물을 어느 규모로 재배하는 것이 가장 좋은 선택이
될 수 있을까 결정을 해야 한다. 보통 해당 지역의 기후와 토
양 등 환경조건에 적합한 작물을 지역주민들이 집단적으로
재배해 지역특산물로 인정받은 작물이 한 두 가지씩은 존재
하는데 이 작물을 선택하는 것이 무난하다. 예를 들어 청양
고추, 횡성한우, 의성마늘, 성주참외, 고창수박, 예산사과, 해
남고구마, 옥천포도, 상주곶감, 보령양송이, 논산딸기, 금산
추부깻잎 등이다.

영농기술은 농업기술센터나 농협, 기타 많은 귀농교육기관
을 통해 배울 수도 있지만 해당 작물을 오랜 기간을 통해 재
배해온 농가를 찾아 현장체험을 하는 것이 무엇보다 중요하
다. 이 분들은 작물재배의 처음부터 판매까지 모든 과정을
훤하게 꿰뚫고 있기 때문에 스승으로 모시고 하나에서 열까
지 모든 노하우를 배울 수 있도록 노력해야 한다. 이것이 시
행착오를 줄일 수 있는 가장 좋은 방법이다. 규모는 작더라
도 이 분들이 하는 그대로 무조건 따라 해보는 것이다. 바둑
으로 치면 흑을 잡고 백이 두는 대로 따라 두는 모방바둑을
한 판 둬보는 것이다. 세상사 어떠한 일을 함에 있어 처음 한

번이 제일 중요하다. 그 이후부터는 자신감과 의욕이 생기게 되고 세월이 흐르면서 일이 손에 익을수록 자신만의 노하우를 자연스럽게 갖게 되는 것이다. 하지만 자신이 수십 년에 걸쳐 습득한 농사기술을 갓 귀농한 사람에게, 그것도 '버텨봤자 2년'이란 말이 유행할 정도로 귀농인의 농촌 정착에 상당한 불신을 갖고 있는 원주민으로서 얼마나 농촌에서 견뎌낼지도 모르는 사람에게 선뜻 농사기술을 전수해줄 이웃은 없다. 때문에 이러한 이웃을 설득해 기술을 배울 수 있도록 만드는 것은 전적으로 귀농인 자신이다. 자신이 어떠한 사람인지 시간을 두고 잘 인식시켜 상대방의 마음의 변화를 가져와야만 가능한 일이다.

다음으로 제2의 삶의 터전을 잡기 위해 정착지를 찾아 나서야 한다. 정착지를 미리 결정해놓고 있었다면 별 문제가 없다. 또한 귀농할 경우 꼭 재배해 보고 싶은 작물이 있다고 한다면 그 작물재배 환경에 적합한 곳을 찾아 정착지로 결정하면 된다. 그리고 정착지 결정에는 아이들 교육이나 병원, 시장 등 생활여건을 도외시할 수도 없다. 여기에 해당 지자체가 귀농인에 대한 지원사업을 얼마나 정열적으로 펼치고 있는지도 참고해야 한다. 이러한 점을 종합적으로 고려해 충분히 심사숙고한 뒤 결정해야 한다.

　다음 단계로 살 집과 농지를 마련해야 하는데 이때 닭이 먼저일까 계란이 먼저일까 하는 것처럼 먼저 집과 농지를 구해놓고 귀농할 것인가 아니면 일정기간 지내보고 구입하는 것이 옳으냐 하는 견해가 서로 대립할 수 있다. 그러나 주택이나 농지는 마음만 먹으면 언제라도 구입할 수 있는 것이기 때문에 굳이 서둘러 장만할 필요는 없다고 본다. 왜냐하면 빈집이나 노는 농지를 찾아 최소한 2~3년 정도 임대해 살아보고 또 원하는 작물을 재배해볼 수 있다면 재배 노하우와 판매경로까지 터득할 수 있는 좋은 기회를 스스로 만들어 가짐으로써 농사에 자신감을 가질 수 있음은 물론 마을 인심이나 지역특성을 충분히 파악할 수 있는 시간적 여유를 얻을 수 있다. 이에 따라 실제 거래되는 농지가격에 대해서도 정확한 정보를 확보할 수 있고, 좋은 농지를 마련할 수 있는 기회를 얻을 수도 있기 때문에 집과 농지는 천천히 마련해도 결코 늦지 않다. 주택의 경우 기존 주택을 구입하든 아니면 신축을 하든 해당지역의 기후조건을 절대로 무시할 수 없고 무시해서도 안 된다. 따라서 일조량, 난방, 창호, 창고, 수도관이 얼어붙는 깊이(동결심도) 등 건축하는 데 꼭 반영시켜야 할 중요한 요소들이 지역적으로 달리 존재하기 때문에 지역주민이나 선배귀농인 등을 통해 사전 조사를 충분히 한 후 실행에 옮겨야 한다.

이러한 것이 모두 결정되었다면 선택한 작물에서 수확한 농산물을 팔아 수익을 얻기까지 시일이 얼마나 걸릴지 파악해 이를 토대로 영농계획을 치밀하게 세워야 한다.

〈귀농귀촌종합센터 귀농준비절차〉
■ 1단계 : 귀농결심
사전에 농업관련 기관이나 단체, 농촌지도자, 선배귀농인을 방문하여 필요한 정보를 수집해야 합니다.

■ 2단계 : 가족합의
농촌으로 내려가고자 할 때 선뜻 응할 가족은 많지 않으므로 일단 가족들과 충분히 의논한 후 합의해야 합니다.

■ 3단계 : 작목선택
자신의 여건과 적성, 기술수준, 자본능력 등에 적합한 작목을 신중하게 선택해야 합니다.

■ 4단계 : 영농기술

대상작목을 선택한 후에는 농업기술센터, 농협, 귀농교육기관 등에서 실시하는 귀농자 교육프로그램이나 귀농에 성공한 농가 견학, 현장 체험들을 통해 충분히 영농기술을 배우고 익혀야 합니다.

■ 5단계 : 정착지 물색

작목선택과 기술을 습득한 후에는 자녀교육 등 생활여건과 선정된 작목에 적합한 입지조건이나 농업여건 등을 고려하여 정착지를 물색하고 결정해야 합니다.

■ 6단계 : 주택 및 농지구입

주택의 규모와 형태, 농지의 매입여부를 결정한 뒤 최소 3~4군데를 골라 비교해 보고 선택하는 것이 좋습니다.

■ 7단계 : 영농계획 수립

끝으로 합리적이고 치밀하게 영농계획을 세워야 합니다.

농산물을 생산하여 수익을 얻을 수 있을 때까지 최소 4개월에서 길게 4~5년 정도 걸리므로 초보귀농인은 가격변동이 적고, 영농기술과 자본이 적게 드는 작목 중심으로 영농계획을 수립해야 합니다.

(자료: 귀농귀촌종합센터)

연도별 귀농귀촌 가구 수를 살펴보면 2001년도(880가구), 2002년도(769가구), 2003년도(885가구), 2004년도(1,302가구, 1천 가구 돌파), 2005년도(1240가구), 2006년도(1754가구), 2007년도(2384가구, 2천 가구 돌파), 2008년도(2218가구), 2009년도(4080가구), 2010년도(4067가구)에서 2011년도(10,503가구)로서 1만 가구를 돌파하는 급증세를 보이고 있다.

농림축산식품부와 통계청(2013.03.28일자) 발표한 2012년도 '귀농귀촌인 통계' 자료를 살펴보면 다음과 같다.

〈 2012 귀농귀촌인 현황(요약) 〉

■ 2012년 귀농가구는 11,220가구(19,657명)로 전년보다 11.4% 증가

□ 시도별로는 경북이 2,080가구(18.5%)로 전년에 이어 가장 많고, 다음으로 전남, 경남, 전북, 충남, 경기가 1,000가구를 넘었음

□ 귀농가구주의 평균연령은 52.8세이며, 연령대별 비율
은 50대가 38.3%, 40대 24.7%, 60대 19.6%, 30대 이하
11.5%, 70대 이상 6.0%임

□ 가구원수별 가구구성은 1인~2인 전입가구가 80.4%로
대부분을 차지

○ 1인 전입가구는 57.0%, 2인 23.4%, 3인 10.0%, 4인 이
상 9.5%

□ 귀농 전 거주 지역은 경기가 2,445가구(21.8%)로 가장
많고, 다음으로 서울(20.6%), 부산 827가구(7.4%), 대구
(7.0%), 경남(5.8%)순임

□ 작물재배면적규모별 가구비율은 0.5ha미만 70.4%,
0.5~1ha미만 19.0%, 1~2ha미만 8.2%, 2ha이상
2.4%로, 0.5ha미만이 대부분이며, 평균재배면적은
0.50ha(≒1,500평)

□ 농지소유 구분별로는 자기소유의 농지에만 경작한 자경
가구는 56.5%, 일부라도 타인소유의 농지를 빌려 작물
을 재배한 임차가구는 43.5%로 나타났다.

■ 2012년 귀촌가구는 15,788가구 27,665명

▫ 시도별로는 경기가 6,644가구(42.1%)로 가장 많고, 충
북 2,897가구(18.3%),강원 2,786가구(17.6%), 경북
1,015가구(6.4%) 순서임

▫ 귀촌가구주의 연령대별 비율은 50대가 25.3%(4,001명)
로 가장 많고, 30대21.3%, 40대 20.9%, 60대 19.0%, 70
대 이상 13.4%로 나타남

■ 귀농가구의 가구주 성별 · 연령별 현황

▫ 가구주의 성별은 남자가 7,775명으로 69.3%, 여자는
3,445명으로 30.7%

○ 2011년의 성별비율은 남자 7,063명(70.1%), 여자 3,012
명(29.9%)

▫ 가구주의 평균연령은 52.8세로 전년의 52.4세에 비하여
0.4세 높아짐

○ 연령대별로는 50대가 4,298명으로 38.3%, 40대가
24.7%로 40~50대가 63.0%를 차지하였으며, 전년에 비
하여 30대 이하와 40대, 60대는 줄어들고 50대, 70대
이상은 증가하여 50대 이상의 비율도 63.9%로 전년의
62.7%보다 1.2%p 높아졌음

- 베이비붐세대(1955~1963년생)의 퇴직과 과거 농업경력
자들이 노후생활을 위해 농촌으로 회귀하는 현상이 계속되
는 것으로 보임

■ 가구원수별 귀농가구 현황

1인 또는 2인 전입가구가 80.4%로 대부분을 차지

□ 가구당 전입가구원수별 가구구성을 보면, 1인 전입이
  57.0%, 2인 전입가구가 23.4%를 차지하여 1~2인 전입
  가구가 80.4%로 대부분을 차지

○ 연령대가 높을수록 1인 전입 가구 비율이 높음
  - 30대 이하의 1인 전입 가구 비율은 53.6%이나 70대
    이상은 68.2%

○ 2인 전입가구 비율은 60대가 31.8%로 가장 높고, 3인
  이상 전입가구 비율은 30대가 30.1%로 가장 높음
  - 40대 이하는 자녀와 함께 이주하는 경우가 상대적으
    로 많으나, 50대 이상은 부부 또는 홀로 이주하는 경우
    가 많음

■ 귀농 전 거주 지역별 귀농가구 현황

귀농 전 거주 지역은 경기, 서울, 부산, 대구, 경남순서로

많았고 서울, 경기, 인천의 수도권이47.9%를 차지

- □ 귀농 전 주민등록지역은 경기가 2,445가구(21.8%)로 가
  장 많고, 서울 2,316가구(20.6%), 부산 827가구(7.4%),
  대구(7.0%), 경남(5.8%) 순서임
- ○ 2011년에도 경기(21.7%), 서울(20.0%), 부산(7.2%), 대
  구(7.1%), 경남(6.0%)순서였음
- ○ 서울, 경기, 인천의 수도권이 차지하는 비중은 47.9%
  (5,379가구)이며, 2011년의 47.2%에 비하여 0.7%p 늘어
  났음
- □ 동일 구시군내 이동은 964가구로 8.6%를 차지했으며,
  시도내이동은 2,076가구로 18.5%, 시도간이동이 8,180
  가구로 72.9%를 차지하였음
  - 전년에 비하여 동일 구시군내 이동과 시도내이동은 각
    각 1.4%p씩 줄어들었으며, 시ㆍ도간 이동은 2.8%p
    늘어났음
- ○ 시ㆍ도간 이동 중에서는 수도권(서울, 인천, 경기)에서의
  전입과 함께 대구 → 경북, 울산 → 경북, 울산 → 경남,
  부산 → 경남, 광주 → 전남, 대전 → 충남, 대전 → 충
  북, 대전 → 세종, 부산 ↔ 울산 이동과 같이 인접 광역
  시에서의 전입이 대부분을 차지함

■ 귀농가구의 귀농지역에서의 가구구성 현황

귀농가구가 귀농지역에서 별도가구를 구성하는 경우는 86.2%, 기존가구에 편입하는 경우는 13.8%

- □ 귀농가구가 귀농지역에서 전입한 사람끼리 별도가구를 구성하는 경우는 86.2%(9,677가구)이며, 이미 농촌지역에 거주하고 있던 가구에 편입하는 경우는 13.8%(1,543가구)임
- ○ 가구당 평균 전입가구원수는 1.75명, 기존 가구원을 포함한 가구당 평균 가구원수는 1.97명
  - 가구당 평균 전입가구원수는 2011년 1.73명에 비하여 0.02명이 증가 하였으며, 가구당 총 가구원수는 2011년 2.03명에 비하여 0.06명이 감소

■ 귀농가구의 재배작물 및 사육가축 현황

주요 재배작물은 채소와 두류 가구의 평균재배 면적은 0.50ha, 농지 임차가구 비율은43.5%

- □ 재배작물은 채소류를 가장 선호, 작물별 재배규모는 논벼가 가장 컸음
- ○ 재배작물별 재배가구수비율은 채소 54.3%, 두류 33.1%, 과수 31.3%, 특용작물 30.7% 순이었으며, 논벼

재배가구 비율은 23.6%이었음

○ 작물재배가구의 당해작물 평균재배면적은 논벼 0.46ha, 과수 0.40ha, 화훼 0.23ha, 채소0.21ha, 두류 0.16ha 등으로 나타남

□ 작물재배가구의 가구당 평균 작물재배면적은 0.50ha

○ 작물재배면적규모별 가구비율을 보면, 0.5ha미만이 70.4%로 대부분을 차지하였으며, 0.5~1ha미만 19.0%, 1~2ha미만 8.2%, 2ha이상이 2.4%로 가구당 평균 작물재배면적은 0.50ha로 나타났음

□ 순수자경농가 비율은 56.5%, 농지임차농가 비율은 43.5%

○ 농지임차여부별 가구수비율을 보면, 자기소유의 경지에만 작물을 재배한 자경가구는 56.5%였고, 일부라도 타인소유의 농지를 빌려 작물을 재배한 임차가구는 43.5%를 차지하였음

　- 자기소유의 농지 없이 임차농지에만 작물을 재배한 가구는 31.9%, 소유 농지와 임차농지에 작물을 재배한 가구는 11.6%였음

■ 주요 사육가축 가금은 한우와 닭

□ 사육가축종류를 보면, 축산가구 중 한우를 사육하는 가
구가 43.3%로 가장 많았고 다음으로 닭을 사육하는 가
구가 18.7%였음

○ 사육규모를 보면, 한우는 가구당 평균 약 20두씩 사육
하고, 닭은 평균 약 25,000마리를 사육하는 것으로 나타
났음

■ 시도별 귀촌가구 현황

2012년 귀촌가구는15,788가구27,665명

□ 시도별로는 경기가 6,644가구(42.1%)로 가장 많았고,
다음으로 충북, 강원, 경북이 1,000가구를 넘었으며, 이
는 수도권인접 등 전원생활 여건이 좋은 지역으로의 귀
촌 가구가 늘어나고 있음을 보여줌

□ 귀촌가구주의 연령대는 50대가 4,001명(25.3%)으로 가
장 많았고, 30대 3,369명(21.3%), 40대 3,302명(20.9%),
60대 3,007명(19.0%), 70대이상 2,109명(13.4%)임

□ 귀촌가구주의 성별 비율은 남자 70.9%(11,192명), 여자
29.1%(4,596명)로 나타났다.

농지에 농사를 지을 경우 수입은 얼마나 올리는지에 대해 귀농하려는 도시민입장에서는 무척 궁금한 사항이다. 일반적으로 농지 평균 연간수입은 농가의 재배노하우, 작목선택, 지역에 따라 천차만별일 수 있지만 일반적으로 3.3㎡(1평)당 연간 수입을 2,000원~5,000원 수준으로 보고 있다. 물론 농사로 잔뼈가 굵은 프로농사꾼은 이보다 4~5배 더 올리기도 하지만 농사초보입장에서는 생각하기 힘든 수치이다. 농사경험이 전무한 귀농인들이 단순경작 할 경우 1ha(≒3000평)의 농지에서 얻을 수 있는 수익은 연 1천만원~1천5백만원 남짓하다. 이 월 100만원 정도 되는 수익이 제시하는 의미는 예비귀농인에게 귀농 후 농촌현실을 직시하고 대처해 나갈 수 있는 방안이 무엇인지, 보다 안정적인 귀농정착을 하려면 무엇을 어떻게 해야 할지를 묻고 있는 것이다.

참고로 현재 전국지자체 중 귀농인 대책이 가장 잘 시행되고 있는 상주시에서 제공하고 있는 시설재배의 투자금액과 수입금액을 알아보자. 전국 어디서든 비슷할 것이라 보고 기준으로 제시한다.

<상주시 주요작목 시설투자금액 및 수입금액 현황>

1. 시설오이 2. 시설딸기 3. 시설참외 4. 시설화훼 5. 블루베리 6. 사과(저수고 밀식재배) 7. 포도 8. 배 9. 복숭아 10. 오디뽕 11. 감 12. 곶감 13. 노지오이 14. 복분자 15. 오미자 16. 고사리 17. 고비 18. 천마

1. 시설오이

· 작물특성 : 1년생 초본 과채류 중 저온성 작물, 내한성 약한 편

· 상주시 재배지역 : 함창읍, 이안면, 모동면

· 부부 노동력 재배 가능 면적 : 800평

· 800평 예상소득 : 49,623천원

10a(300평) 기준				26a(800평) 생산량			
생산량 (kg)	조수입 (천원)	소득 (천원)	소득률 (%)	생산량 (kg)	조수입 (천원)	소득 (천원)	소득률 (%)하
17,733	33,515	19,086	56.9%	46,105	87,139	49,623	56.9%

· 800평 초기투자비용 : 200,000천원(250천원/평)

  - 상주형 오이하우스 : 123,200천원(154천원/평)

  - 하우스 내 시설 및 작업장 설치 : 76,800천원(96천원/평)

· 소득기대년도 : 초기소득 당해가능, 2년 이후 안정소득

· 시설오이 작목반 : 상주원예영농조합법인, 공검오이작목반, 한마음오이작목반, 모동백화오이작목반, 토박이오이작목반, 상주삼삼오이작목반, 늘푸른오이작목반

2. 시설딸기

* 작물특성 : 장미과 여러해살이풀로 과채류 중 저온에 비교적 강함

· 상주시 재배지역 : 청리면, 사벌면

· 부부 노동력 재배 가능 면적 : 1,000평

· 1,000평 예상소득 : 23,621천원

10a(300평) 기준				33a(1,000평) 생산량			
생산량 (kg)	조수입 (천원)	소득 (천원)	소득률 (%)	생산량 (kg)	조수입 (천원)	소득 (천원)	소득률 (%)하
2,799	13,329	7,158	53.7	9,236	43,985	23,621	53.7

· 1,000평 초기투자비용 : 80,000천원(80천원/평)

  - 단동 수막하우스 : 80,000천원(80천원/평)

  ※ 일반하우스, 내재형하우스 선택에 따라 평당 70천원 ~90천원

  - 고설재배하우스 : 130,000천원(130천원/평)

※ 고설재배시설(고설배드, 양액시설 등) : 평당 40천원

※ 고설재배시 토설재배보다 2배 수익(평당 7~8만원)

· 소득기대년도 : 초기소득 당해가능, 2년 이후 안정소득

· 시설딸기 작목반 : 청리딸기작목반

3. 시설참외

· 작물특성 : 고온성 채소로 이른 봄 저온에 민감하며, 건조와 일조를 좋아하여 흐리고 비가 많이 오는 곳에서는 재배가 곤란

· 상주시 재배지역 : 사벌면, 낙동면

· 부부 노동력 재배 가능 면적 : 2,000평

· 2,000평 예상소득 : 29,437천원

10a(300평) 기준				66a(2,000평) 생산량			
생산량 (kg)	조수입 (천원)	소득 (천원)	소득률 (%)	생산량 (kg)	조수입 (천원)	소득 (천원)	소득률 (%)하
3,160	7,404	4,420	59.7	21,045	49,310	29,437	59.7

· 2,000평 초기투자비용 : 177,600천원

 - 참외 하우스 : 160,000천원(8만원/평)

 - 하우스 내 자재 등 : 17,600천원(8.8천원/평)

 ※ 2012년 900평 참외하우스 : 하우스+작업장+내부자

재 설치비 80,000천원

※ 하우스 1동 170평, 부부 10동~12동 작업가능, 시설딸기·오이 보다 소득 높음

· 소득기대년도 : 초기소득 당해가능, 2년 이후 안정소득

4. 시설화훼(국화)

· 작물특성 : 대표적인 단일성 식물로 전조 및 암막시설이 갖추어진 곳에서는 어디에서나 연중생산 및 출하 가능

· 상주시 재배지역 : 함창면

· 부부 노동력 재배 가능 면적 : 500평~1,000평

· 500평 예상소득 : 26,682천원

10a(300평) 기준				16.6a(500평) 생산량			
생산량 (kg)	조수입 (천원)	소득 (천원)	소득률 (%)	생산량 (kg)	조수입 (천원)	소득 (천원)	소득률 (%)하
56,571	15,231	5,358	35.2	281,721	75,850	26,682	35.2

· 500평 초기투자비용 : 65,000천원(130~200천원/평)

  - ※ 200천원/평 : 하우스, 관수, 난방, 무인방제, 운반레일, 관정 등 일체

· 소득기대년도 : 초기소득 당해가능, 2년 이후 안정소득

· 화훼 생산자 단체 : 함창화훼영농조합법인

5. 블루베리

· 작물특성 : 키가 작은 떨기나무의 낙엽과수로 뿌리는 수염 같은 잔뿌리로 단단한 토양에서 생육이 극히 불량하며, 토양건조에 약해 관수가 필요, 산성토양에서 생육이 우수함

· 상주시 재배지역 : 화북면, 은척면, 중동면, 외서면, 공성면

· 부부 노동력 재배 가능 면적 : 1,000평

· 1,000평 예상소득 : 41,477천원

10a(300평) 기준				33a(1,000평) 생산량			
생산량 (kg)	조수입 (천원)	소득 (천원)	소득률 (%)	생산량 (kg)	조수입 (천원)	소득 (천원)	소득률 (%)하
536	18,760	12,569	67.0	1,768	61,908	41,477	67.0

· 노지 1,000평 초기투자비용 : 34,000천원

  - 노지재배 : 24,000천원(2년생 묘목+피트머스 등 24천원/평)

  - 방조망 시설 : 10,000천원(10천원/평)

  ※ 단동하우스 : 104,000천원(하우스 80천원/평, 묘목 등 24,000천원)

· 소득기대년도 : 초기소득 3년, 4년 이후 안정소득

· 블루베리 작목반 : 상주블루베리작목반, 노던블루베리작
목반

6. 사과(저수고 밀식재배)

· 작물특성 : 연평균 기온이 5~11℃의 비교적 서늘한 기후
에 적당한 온대북부과수

· 상주시 재배지역 : 함창면, 이안면, 외남면, 화서면

· 부부 노동력 재배 가능 면적 : 3,000평

· 3,000평 예상소득 : 29,670천원

10a(300평) 기준				1ha(3,000평) 생산량			
생산량 (kg)	조수입 (천원)	소득 (천원)	소득률 (%)	생산량 (kg)	조수입 (천원)	소득 (천원)	소득률 (%)하
2,274	4,650	2,967	63.8	22,740	46,500	29,670	63.8

· 3,000평 초기투자비용 : 105,000천원(35천원/평)

  - 묘목구입 : 22,800천원(10천원~12천원/주, 재식거리
    3.5m×1.5m, 1,900주)

  - 사과개별지주 : 30,000천원(10천원/평)

  - 유공관, 관수시설, 제초매트 등 : 39,000천원(13천원/평)

· 소득기대년도 : 초기소득 4년, 5년 이후 안정소득

· 사과 작목반 : 낙동동부, 낙동상원, 낙동송촌, 낙동화산,

유곡, 땅심, 송지, 내서, 봉황산, 작약산, 은자산참, 대현
사과작목반

7. 포도

· 작물특성 : 척박한 토양에도 잘 견디며 내습성, 내건성이
　강해 재배 범위 넓음
· 상주시 재배지역 : 중화지역(모서,모동,화서,화동,화북,화
　남), 사벌면
· 부부 노동력 재배 가능 면적 : 1,500평
· 1,500평 예상소득 : 18,040천원

10a(300평) 기준				50a(1,500평) 생산량			
생산량 (kg)	조수입 (천원)	소득 (천원)	소득률 (%)	생산량 (kg)	조수입 (천원)	소득 (천원)	소득률 (%)하
1,889	5,159	3,608	69.9	9,445	25,795	18,040	69.9

· 1,500평 초기투자비용 : 22,210천원
　- 묘목구입 : 1,110천원(삽목1년 1.5천원~2천원, 2.7×
　2.5m, 740주)
　- 포도비가림 : 21,100천원(14천원/평)
· 소득기대년도 : 초기소득 2년, 3년 이후 안정소득
· 포도 작목반 : 명품, 경천대, 백운산, 모서, 신의터, 문장

대, 화령, 중화, 청화, 은자골포도작목반

8. 배

· 작물특성 : 토심이 깊고 유기물함량이 많으며 바람이 세지 않으며, 배수가 잘되고 늦서리 피해가 없는 곳이 적지임

· 상주시 재배지역 : 사벌면, 외서면, 공검면, 중동면

· 부부 노동력 재배 가능 면적 : 1,800평

· 1,800평 예상소득 : 20,388천원

10a(300평) 기준				60a(1,800평) 생산량			
생산량 (kg)	조수입 (천원)	소득 (천원)	소득률 (%)	생산량 (kg)	조수입 (천원)	소득 (천원)	소득률 (%)하
3,009	5,483	3,398	61.9	18,054	32,898	20,388	61.9

· 1,800평 초기투자비용 : 13,380천원

  - 묘목구입 : 1,320천원(접목1년:4천원, 직경4cm:30천원/주, 재식거리 6m×3m, 330주)

  - 평덕시설 : 12,060천원(6.7천원/평)

· 소득기대년도 : 초기소득 4년, 5년 이후 안정소득

· 배 작목반 : 신상, 낙동상원, 낙동상촌, 낙동운평, 낙동화산, 승곡배, 붉은햇살, 봉황배, 천마산친환경, 은자골, 안

심두, 참맛, 일품, 중소, 한결, 배마을, 동막고을, 광곡, 일
월, 연꽃배, 청정배, 이안, 새천, 남적유기농, 생, 꿀, 명
품, 지촌친환경, 경천대, 두릉한방꿀, 신덕, 신흥배작목반

9. 복숭아

· 작물특성 : 토심이 깊고 배수가 양호한 양토 또는 사양
토, pH4.9~5.2의 산성토양에서 잘 자라며 개화 전후 늦
서리 피해를 받기 쉬운 곳은 피한다.

· 상주시 재배지역 : 외남면, 청리면, 공성면

· 부부 노동력 재배 가능 면적 : 1,500평

· 1,500평 예상소득 : 13,785천원

10a(300평) 기준				50a(1,500평) 생산량			
생산량 (kg)	조수입 (천원)	소득 (천원)	소득률 (%)	생산량 (kg)	조수입 (천원)	소득 (천원)	소득률 (%)하
2,092	4,085	2,757	67.4	10,460	20,425	13,785	67.4

· 1,500평 초기투자비용 : 9,450천원

  - 묘목구입 : 450천원(접목1년:5천원~6천원, 재식거리 7m×
8m, 90주)

  - Y자형 지주시설 : 9,000천원(6천원/평)

· 소득기대년도 : 초기소득 4년, 5년 이후 안정소득

· 복숭아 작목반 : 청리연과우회, 청명복숭아생산영농조합
법인, 백운, 곰살이, 국수봉, 마매든, 백화, 문장대복숭아
작목반

10. 오디뽕

· 작물특성 : 뽕나무는 수고 3m정도 자라며, 암수딴그루로
새 가지의 잎겨드랑이에 꽃이 달리며 6월에 열매인 오디
를 수확 함. 고라니, 노루의 피해가 없는 곳에 식재한다.
· 상주시 재배지역 : 함창면, 공성면, 화서면, 동지역
· 부부 노동력 재배 가능 면적 : 500평~1,000평
· 500평 예상소득 : 4,101천원

10a(300평) 기준				16.5a(500평) 생산량			
생산량 (kg)	조수입 (천원)	소득 (천원)	소득률 (%)	생산량 (kg)	조수입 (천원)	소득 (천원)	소득률 (%)하
382	3,824	2,486	65.0	630	6,309	4,101	65.0

· 500평 초기투자비용 : 2,050천원
  - 묘목구입 : 1,000천원(접목 1년생 5천원, 재식거리 4m×
  2m)
  - 부직포 : 550천원(200천원/3m×200m 1롤)
  - 점적관수 : 500천원(1천원/평)

· 소득기대년도 : 초기소득 3년, 5년 이후 안정소득
· 오디 작목반 : 중화, 멀버리 오디작목반, 상주양잠영농조
  합법인

11. 감

· 작물특성 : 다른 과실에 비해 뿌리의 활동 시기는 상당히
  늦은 편이며, 내습성과 내음성이 강하며, 토양의 적응 범
  위는 넓지만 약산성이 알맞고, 토양은 부식질이 많은 점
  질 양토가 알맞다.
· 상주시 재배지역 : 전지역
· 부부 노동력 재배 가능 면적 : 1,000평
· 1,000평 예상소득 : 6,015천원

10a(300평) 기준				33a(1,000평) 생산량			
생산량 (kg)	조수입 (천원)	소득 (천원)	소득률 (%)	생산량 (kg)	조수입 (천원)	소득 (천원)	소득률 (%)하
1,500	2,700	1,823	67.5	4,950	8,910	6,015	67.5

· 1,000평 초기투자비용 : 2,050천원
  - 묘목구입 : 660천원(접목1년 5천원, 재식거리 5m×5m)
  ※ 밀식재배 : 정식 110주/10a → 8~9년째 영구주
    30~40주/10a

· 소득기대년도 : 초기소득 4년, 5년 이후 안정소득

· 감 작목반 : 천봉산, 친환경감작목반

12. 곶감

· 작물특성 : 농한기 농가 소득작물

· 상주시 재배지역 : 전지역

· 곶감 손익계산 수량 : 5동~10동

· 5동 예상소득 : 15,000천원

1동(10,000개) 기준				5동(50,000개) 생산량			
생산량 (kg)	조수입 (천원)	소득 (천원)	소득률 (%)	생산량 (kg)	조수입 (천원)	소득 (천원)	소득률 (%)하
350	6,000	3,000	50.0	1,750	30,000	15,000	50.0

· 초기투자비용

  - 감타래 하우스형 : 3,000천원(300천원/평, 10평~15평/5

  동, 1동 건조면적 2~3평)

  - 냉동컨테이너(5평) : 8,000천원

  - 감타래 H빔 판넬형 : 45,000천원(50평, 800~900천원/평)

  - 냉동창고 : 62,000천원(20평, 3,100천원/평, 940천원/㎡)

예) 2012년 감구입시 손익계산 : 감(28천원/접) → 곶감(38

  천원~90천원/접)

· 소득기대년도 : 초기소득 1년, 안정소득 2년 이후
· 곶감 작목반 : 상주천연, 낙동농협, 청리, 백호, 갈방산, 청당골, 남촌, 오송, 한마음, 백두대간, 지장명산, 상주문장대곶감작목

13. 노지오이

· 작물특성 : 1년생 초본 과채류 중 저온성 작물, 내한성 약한 편
· 상주시 재배지역 : 중화지역(모서,모동,화서,화동,화북,화남), 이안면
  ※ 중화지역 : 노지오이 봉지 씌우기 작업 → 노지오이 수확(2개월) → 노지오이 수확
· 부부 노동력 재배 가능 면적 : 800평 ~ 1,000평
· 800평 예상소득 : 23,816천원

10a(300평) 기준				26a(800평) 생산량			
생산량 (kg)	조수입 (천원)	소득 (천원)	소득률 (%)	생산량 (kg)	조수입 (천원)	소득 (천원)	소득률 (%)하
6,500	15,191	9,160	60.3	16,900	39,496	23,816	60.3

· 800평 초기투자비용 : 4,992천원
  - 오이지주 : 4,992천원(대나무800원/개, 재식거리36cm×

40cm, 2,400주/10a)

· 소득기대년도 : 초기소득 6개월 이내 가능

· 시설오이 작목반 : 팔음산오이작목반, 봉황산오이작목반, 갑장산오이작목반

14. 복분자

· 작물특성 : 전국 어디나 재배할 수 있고 추위에 매우 강하며, 천근성으로 배수성과 보수력이 양호하며 햇빛이 잘 드는 토양이 좋음, 줄기 속이 비어 있기 때문에 바람의 피해가 적은 곳이 좋음. 전년의 봄에 지하경의 흡지가 자라서 그것이 당년의 결과모지가 됨

· 상주시 재배지역 : 공성면, 이안면, 사벌면, 청리면, 외서면, 은척면

· 부부 노동력 재배 가능 면적 : 900평~1,000평

· 900평 예상소득 : 8,460천원

10a(300평) 기준				30a(900평) 생산량			
생산량 (kg)	조수입 (천원)	소득 (천원)	소득률 (%)	생산량 (kg)	조수입 (천원)	소득 (천원)	소득률 (%)하
504	4,029	2,820	70.0	1,512	12,087	8,460	70.0

· 900평 초기투자비용 : 4,200천원

- 묘목 구입비 : 1,500천원(0.5천원~1천원/주, 재식거리
2.5m×40cm, 1,000주/10a)

- 11자 덕시설 : 2,700천원(3천원/평)

· 소득기대년도 : 초기소득 2년, 안정소득 3년 이후

15. 오미자

· 작물특성 : 내한성이 강하고 고온에 약하므로 여름철 고
온을 피할 수 있는 중부이북의 중산 고랭지가 재배적지.
양지식물이며 특히 화아분화기에 햇볕이 잘 들어야 꽃눈
형성이 잘되고 암꽃의 비율이 많아짐. 고온을 피하기 위
해 과원의 방향은 서북향이나 북향이 좋다.

· 상주시 재배지역 : 화북면, 화동면

· 부부 노동력 재배 가능 면적 : 1,500평

· 1,500평 예상소득 : 10,805천원

10a(300평) 기준				50a(1,500평) 생산량			
생산량 (kg)	조수입 (천원)	소득 (천원)	소득률 (%)	생산량 (kg)	조수입 (천원)	소득 (천원)	소득률 (%)하
227	3,929	2,161	55.0	1,135	19,645	10,805	55.0

· 1,500평 초기투자비용 : 18,000천원

- 묘목 구입비 : 3,000천원(실생1년 600원, 재식거리 2m×

45cm, 1,000주/10a)

  - 덕시설비 : 15,000천원(10천원/평)

· 소득기대년도 : 초기소득 3년, 안정소득 4년 이후

· 오미자 작목반 : 팔음산, 문장대, 문장대무농약오미자작
목반

16. 고사리, 고비

· 작물특성

  - 고사리 : 양지나 음지에서 모두 잘 적응하고 환경조건
이 나쁜 곳에서도 잘 생육하지만 토양이 오염된 곳에서
는 생육하지 못함

  - 고 비 : 습한 들판이나 산기슭에 자생하고, 여름에 그늘
이 지는 서늘하고 습기가 많은 곳이 적지이며, 울릉도
특산물로 재배

· 상주시 재배지역 : 은척면, 화남면

· 부부 노동력 재배 가능 면적 : 1,000평

· 1,000평 예상소득 : 11,286천원

10a(300평) 기준				33a(1,000평) 생산량			
생산량 (kg)	조수입 (천원)	소득 (천원)	소득률 (%)	생산량 (kg)	조수입 (천원)	소득 (천원)	소득률 (%)하
570	5,700	3,420	60.0	1,881	18,810	11,286	60.0

· 1,000평 초기투자비용 : 1,440천원

  - 종근 구입비 : 1,440천원(3.2천원~4천원/kg, 150kg/10a)

· 소득기대년도 : 초기소득 2년, 안정소득 3년 이후

· 고사리 작목반 : 은척성주봉참고사리작목반, 작약산황금

  고사리작목반

17. 천마

· 작물특성 : 해발 100m이상 평야지나 고산지로 경사도

  30°미만으로 여름온도가 낮고 습기가 많은 곳 생육양호.

  토양은 부식질이 풍부하여 표토의 유기물이 함량 5%이

  상이고 습기가 잘 유지되며 배수 양호한 사질양토로 약

  산성토양(PH 5.0~6.0)이 좋다.

· 상주시 재배지역 : 화북면, 함창읍

· 부부 노동력 재배 가능 면적 : 1,000평

· 1,000평 예상소득 : 61,380천원

10a(300평) 기준				33a(1,000평) 생산량			
생산량 (kg)	조수입 (천원)	소득 (천원)	소득율 (%)	생산량 (kg)	조수입 (천원)	소득 (천원)	소득율 (%)하
3,000	30,000	18,600	62.0	9,900	99,000	61,380	62.0

· 1,000평 초기투자비용 : 117,910천원

- 자마(종마) : 5,940천원(15천원~18천원/kg, 120kg ~180kg/300평)

- 천마 종균 : 2,970천원(1.5천원/1 *l* 한병, 600~700병/ 300평)

- 원목 구입 : 11,000천원(110천원~130천원/톤, 10톤/ 100평)

- 천마하우스(점적관수포함) : 98,000천원(98천원/평)

· 소득기대년도 : 초기소득 2년, 안정소득 4년 이후

· 천마 작목반 : 상주천마영농조합법인

〈이상 상주시 자료〉

[참고]

▶ 화아분화(花芽分化) : 식물이 자라는 중에 영양조건, 자란기간, 기온 및 볕을 쬔 시간 따위의 필요한 조건이 다 차서 꽃눈을 달게 되는 일을 말함.

▶ 수막하우스 : 지하수 수막원리를 이용해 재배하는 것.

♠ 지하수 수막재배의 원리

물은 비열단위의 표준으로서 1 *l* 를 1℃ 가온하는데 1kcal의 열을 흡수하고 역으로 1℃가 식는데는 1kcal의 열을 방출한다. 이 원리를 이용하여 딸기를 겨울철 수막재배로 이용하는 것

이다. 딸기의 경우 야간 최저온도가 5℃까지는 무리가 없이 재배되므로 경영적인 면이나 연료비절감차원에서 적절한 방법이다. 실제 300평의 하우스에 185l/분 정도의 살수량이면 외기온이 영하 11~12℃ 일때 실내 최저온도를 6~7℃로 유지시킬 수 있다. 수막보온은 이미 딸기 재배에서 실용화되어 있다.

▶ 고설재배(고설베드양액재배) : 일종의 수경재배법임.

▶ 하이베드(고설벤치)를 이용한 딸기재배란 허리 펴고 서서 편하게 작업할 수 있도록 고안된 재배법임.

▶ 사과 저수고재배(低樹高栽培) : 나무높이를 낮게 유도하여 수작업이 편리하도록 만드는 재배법.

▶ 유공관 : 물을 흐르게 해 줄 수 있는 파이프인데 파이프에 아주 작은 구멍이 나 있어 압력에 의해 물이 들어오고 나올 수 있지만 흙이 유입될 수 있어 수분만 흡수할 수 있도록 부직포로 감싸 작업을 한다. 일종의 필터역할을 해준다.

▶ 덕(키위, 오미자, 배 등 재배시설) : 기둥을 세우고 유인끈을 매어 나무가 잘 자라도록 유도하는 시설.

▶ 평덕시설(배) : 과수열매가지가 처지는 것을 방지해 과수열매가 햇볕을 골고루 받을 수 있도록 나무줄기 사이로 끈으로 그물망처럼 가로세로 얽어 설치하는 시설을 말함.

▶ 배지(培地) : 미생물이나 조직, 식물 따위를 인공적인 조건 아래에서 발육, 증식시키기 위해 여러 가지 영양물을 조제한 액체나 고형 혼합물. 다시 말해 적당량의 영양성분을 혼합해서 미생물을 생존시키고 지속적으로 성장시키기 위해서 인공적인 증식환경이 만들어진 상태를 말함.

▶ 제초매트(일반 멀칭재) : 풀이 자라는 것을 방지하기 위해 땅위에 덮는 검은 부직포(매트)를 말함.

▶ '피트모스', '펄라이트' : 각기 인공배양토를 말함.

5. 어느 고을로 귀농하지?

　　귀농하기로 최종 결정을 하였다면 어느 지역으로 정착해야
할지 결정해야 한다. 문제는 귀농정착지를 결정하기가 쉽지
않다는 점이다. 귀농은 자기 인생의 터닝포인트에서 2막을
여는 단 한 번의 중요한 선택이 될 수 있기 때문에 섣불리 결
정할 수가 없다. 이런 연유로 대부분의 예비귀농인들이 전국
의 많은 지역을 돌아다니며 찾아보고 있지만 쉽사리 결정을
내리지 못하고 망설이는 경우가 많다. 작은 연결고리라도 있
으면 그것을 계기로 삼아 선택할 수 있는 여지가 있겠지만 아
무 인연도 연고도 없는 지역에 선뜻 농사짓겠다고 내려가기
까지 참으로 어려운 결단을 요구받고 있는 것이다. 그래도 귀
농하기로 결정을 했다면 귀농지를 선택해야 하는데 어떠한

과정을 거쳐 결정하는 것이 가장 좋은 선택이 될 수 있을까.

　귀농정착지를 선택할 때 가장 우선적으로 고려해야 할 점은 고향이 농촌일 경우 고향으로 되돌아가는 유턴귀농을 신중하게 검토할 필요가 있다. 농촌출신 도시인들이 고향에 대해 갖고 있는 가장 큰 압박은 금의환향에 대한 부담감과 아울러 이제까지의 긴 공백에서 다가오는 어색함에 대한 부담이다.

　특히 농촌출신 베이비부머세대들에게 있어서는 당시 중학교 진학률이 20~30%대에 머물렀고, 고등학교진학률은 더 떨어졌고, 대학진학은 아예 몇 명에 불과했던 시절, 대학진학은 곧 성공과 직결시되던 풍토에서 대학출신자들이 고향으로의 유턴을 결정한다는 것이 참으로 쉽지 않을 것이다.

　이러한 이유로 연고가 없는 타 지역으로 발걸음을 돌리는 귀농인들도 상당수 존재한다. 하지만 이런 찜찜한 부담감을 극복해 고향으로 유턴귀농을 할 수 있다면 적응에 대한 어려움이나 이방인으로서 감내해야 하는 정서적 외로움을 부담하지 않아도 되는 아주 큰 홈그라운드의 이점이 있기 때문에 적극적으로 고려해 보아야 한다.

다음으로 친지나 친구가 있는 곳이면 또한 적극적으로 검토해 볼만하다. 그러나 아무 연고가 없다면 자신이 귀농해 농사짓고자 하는 작물을 기준으로 선택하는 것도 좋은 방법이 된다. 농사짓고자 하는 작물을 가장 많이 집단적으로 재배하는 지역을 찾아 정착지를 결정하는 것이다.

이제 농촌이라는 개념은 도시에서 뒤쳐진 사람들이 도시를 피해 마지못해 도망치듯 숨어버리는 그런 패배자들의 늪이 아니라 또 다른 희망을 꿈꿀 수 있는 블루오션이 산재해 있는 아그리젠토이다. 우리 모두는 어쩌면 의식하지 못해서 그렇지 태어나면서부터 마음 깊숙한 곳에 육체적·정신적인 어려움에 시달릴 때마다 늘 자신을 달래주고 어루만져 치유시켜주는 마음의 고향인 농촌에 대한 향수 즉, 자연으로의 회귀본능을 가지고 있다. 그간 도시에서 경주하듯 살아온 이제까지의 삶의 행태에서 벗어나 귀농하고자 한다면 한번쯤은 마음 가는대로, 발길 가는대로 가보는 것도 나쁘지 않다고 본다. 물론 신중한 검토와 사전 지식의 충족함이 전제되어야 하겠지만 이곳저곳 돌아다니면서 여기다 하고 느낌이 오는 곳, 왠지 모르게 많이 와보았던 곳 같이 낯설지 않고 포근함이 느껴지는 그 곳도 귀농지로서 유심히 살펴봐야 할 예정지 중의 하나가 될 수 있다.

수학공식처럼 주어진 틀 안에 자신의 예정스케줄을 집어넣고 숨막히게 문제를 풀 필요가 없다. 가장 자연스럽게 유연성을 갖고 찾아보면 생각지도 않게 마음에 드는 곳을 찾을 수 있을 것이다. 그러나 여기서 생각해볼 문제점은 처음부터 내 맘에 딱 드는 그런 곳을 귀농지로 찾는 다는 것은 어쩌면 불가능할 지도 모른다는 점이다. 귀농 예정지마다 장·단점이 서로 얽혀 결정하는데 갈등의 소지가 있겠지만 살면서 정들고, 정들면 제2의 고향이 된다는 점을 잊지 말았으면 한다. 쉽지는 않겠지만 그래도 마음 편히 한번 살아보자고 큰 맘 먹고 내려가는 귀농길에 스트레스 받고 내려갈 필요가 있겠는가.

6. 귀농자금은 얼마나?

　귀농은 새로운 형태의 삶의 시작이자, 새로운 사업의 출발점이다. 농촌은 이제 목가적인 아름다움을 간직한 도시인들의 안식처가 아니라 농업이라는 새로운 분야의 블루오션을 창출하는 기회의 장이다. 이처럼 사업을 시작하는 출발선상에서 무일푼으로 사업을 시작할 수는 없다. 많든 적든 귀농자금이 투자되어야 한다. 하지만 귀농을 하면서 처음 접해보는 농사일에 자신의 전 재산을 투자해 승부를 걸 수 있을 만큼 작금의 농촌현실과 미래가 매력적인가하는 점에서는 신중히 검토하고 생각해 보아야 한다.

　농사도 수많은 사업 중 하나라 본다면 농사업은 공장에서

재료를 넣자마자 상품이 되어 나오는 원스톱사업이 아니라 어떠한 경우에도 예외 없이 일정기간 공을 들이고 시간이 흘러야만 비로소 상품화되어 수입이 창출되는 특별한 사업이다. 작목선택에 따라 차이가 있겠지만 빠르면 4~5개월, 느리면 4~5년 이상을 자금과 노력을 투자해야만 소득을 얻을 수 있기 때문에 애초부터 시골에서 살지 않은 이상 이런 상황에 익숙해지기까지 상당한 어려움이 뒤따를 수 있다. 때문에 귀농인들이 귀농에 성공적으로 정착하기 위해서는 최초의 소득이 발생하고 그 소득으로 최소한의 생계유지가 가능해질 때까지 어떻게 지속적으로 수입을 만들어 나갈까 하는 숙제를 풀어야 하는데 만약, 이 숙제를 풀 자신이 없다면 당연히 귀농을 다시 생각해 봐야 한다. 막상 귀농하여 현실에 부닥치면 생각보다 훨씬 더 냉혹한 상황에 당혹감을 감추지 못할 수도 있음을 명심해야 한다.

역귀농에 대한 집계가 공식적(?)으로 매년 6.5%에 이른다지만 실제로는 이보다 훨씬 더 많은 귀농인들이 역귀농 대열에 합류하고 있음을 절대로 간과해서는 안 된다. 집 팔고, 전세금 빼내 부품 꿈을 갖고 귀농대열에 합류해 전 재산을 투자했지만 일이년도 못 버텨내고 엄청난 손해를 감수하고 실패한 귀농인이라는 꼬리표만 붙인 채 아픈 발걸음을 되돌리는 역귀농인들을 예비귀농인들은 타산지석으로 삼아 경계하고 또 경계해야 한다.

또한 많은 귀농인들이 정부 지원금에 의존하려 드는 경향이 있는데 이 역시 경계로 삼아야 할 부분이다. 각종 정부지원금이 있지만 막상 받으려 하면 복잡한 행정절차 등 여기에 붙는 까다로운 조건 때문에 받기 어려울뿐더러 설령 받는다 하더라도 얼마 못 받는 경우가 많아 실질적 도움을 받는 사례는 드물다. 때문에 이에 의존하려 들지 말고, 우선 자신의 경제력으로 해결하고 모자란 자금의 약간을 도움 받는다 생각하는 것이 귀농에 도움이 된다. 거의 농협을 거쳐 대출되는 지원금 역시 거저 주는 자금이 아니라 이자가 조금 싼 대출금이란 것을 유의해야 하며, 이자를 어떻게 갚아나갈 것인지에 대한 자금스케줄도 정확히 설계해 놓지 않으면 낭패를 당할 수 있다.

귀농함에 있어 무엇보다도 귀농자금에 가장 큰 도움을 주는 것은 최소한 3년 이상을 다양한 귀농교육기관을 통해 교육을 받고, 실전연습도 충분히 익히는 등의 철저한 사전준비과정 및 적응기간을 거친 후 귀농에 임하는 것이 가장 작은 귀농자금으로 가장 안전하게 귀농에 정착하는 것임을 마음에 새겨야 한다.

시골에서도 돈은 필요하다. 도시에서 보다는 덜 들어가는 측면은 분명히 있지만 전기요금, 통신비, 의료비, 자동차유지비, 학자금, 기초생활비 등 기본적으로 들어가는 비용은 분명히 있다. 따라서 시골에서도 돈이 없으면 살아가기가 어렵다. 그렇다고 돈 빌려 귀농하는 것은 더욱 자신을 위험지대로 내모는 아주 위험한 모험이 될 수 있으므로 될 수 있으면 하지 말아야 한다. 귀농해 생계유지하는데 걱정 없이 안착하는 기간은 최소 3년 이상 계산해야 한다. 이 기간 중 농작물 재배로 인한 소득이 전혀 없기 때문에 돈 보따리 싸들고 귀농하지 않는 이상 생계유지를 위해서 반드시 어떠한 형태가 되었든 또 다른 형태의 수입원을 찾아내야 한다.

귀농을 하더라도 무일푼으로 귀농하기는 어렵다. 주택이나 농지를 임대로 얻고 시작한다 하더라도 최소한의 비용은 있어야 귀농생활을 유지할 수 있다. 농사는 도시에서처럼 월급을 받는다거나 장사를 하는 것처럼 다달이 생활비를 조달할 수 있는 것이 아니라 금액이 많고 적음을 떠나 작물을 심고 키워 내다팔아야만 현금조달이 가능하기 때문에 그만큼의 생활비에 대한 여유를 갖고 시작해야 한다.

귀농해 주택이나 농지를 구입하고 농사를 지을 수 있기까지 투자되는 비용에 대해 개괄적으로 살펴보자. 물론 지역에 따라 토지금액과 각종 공사금액에 대해 편차가 있을 수 있겠지만 일반적으로 주택은 혜택을 받을 수 있는 농가주택의 범위(대지 면적이 660㎡(≒200평) 이내이고, 건물면적이 150㎡(≒45평) 이내)내인 330㎡(100평)정도 전용해 120㎡(36평)정도 규모로 건축한다고 가정할 때 토목공사비용과 인허가비용을 포함해 총 비용을 최소한 1억5천만 원 정도는 계산해야 한다. 여기에다 농지구입비(1,000평 기준), 농기계구입비, 영농비용 및 영농여유자금, 생활비여유자금 등과 오이나 토마토 등 작물을 시설재배 하려 할 경우 투자되는 시설비용 등을 합치면 최소 5억 이상 투자해야 하는 큰 부담이 존재한다.

때문에 귀농할 경우 아무 경험도 없이 자신의 전 재산을 투자하는 어리석은 모험 대신 시간을 갖고 여유 있게 접근한다는 대 원칙을 세워놓고 하나하나 차근차근 풀어나가야 한다. 따라서 한 3년 정도는 우선 빈집을 찾아 임차하거나 아니면 컨테이너나 농막 하나 갖다 놓고 주거지로 삼아 노는 땅 수소문해 임차하여 자신이 계획했던 작물을 재배해본 후 그 경험을 토대로 귀농정착프로그램을 새로이 수정·설계해 접근하는 것이 귀농을 보다 안정적으로 정착시키는 좋은 방법이다.

또한 귀농인들이 귀농 시 기대하고 있는 것은 농업창업자금대출(세대 당 2억 원 한도이내)이나 농가주택구입 및 신축자금지원정책(세대 당 4천만 원 한도이내) 등 귀농인 지원에 관한 정부정책이다. 하지만 이러한 지원자금도 엄연히 농지 등 부동산을 담보로 대출해주는 담보대출이며 연이율 3%, 5년 거치 10년 원리금균등분할상환조건임을 명심해야 한다. 거저 주는 것이 아니라는 것이다. 그럼에도 불구하고 대출한도까지 대출받을 수 있는 것도 아니다. 자칫 이자 내는 것도 큰 부담으로 다가올 수 있다는 사실을 명심해야 한다.

7. 농작물선택

성공적인 귀농을 하기 위해서는 어떤 농작물을 선택하느냐에 달려있다 해도 과언이 아니다. 흔히 농작물선택에는 정답이 없다고들 말한다.

다양한 채널을 통한 다양한 농산물정보가 실시간 모든 이들에게 제공되고 있고, 하우스재배나 유리온실 재배, 수경재배 등 각종 재배기술의 발달로 계절에 관계없이 연 중 농산물출하가 가능하게 되자 이로 인한 농산물출하가 겹치면서 작물수익성에 대한 안정성이 보장되지 못하고 있어 농민들이 늘 불안한 가운데 작물선택을 해야 하는 어려움을 겪고있다. 여기에 해외시장 개방으로 인한 농산물수입이 급증하면서 상대적으로 가격이 저렴한 수입농산물이 국산농산물의 대체재로서의 역할을 감당하면서 농민들의 입지가 점점 좁아지고 있는 것도 현실이다. 또한 전년도 수익성이 뛰어나게 좋았던 작물을 올해 너무 많이 재배해 가격하락으로 인한 손해를 감수해야 하는 경우도 수시로 일어나고 있어 작물선택을 함에 있어 어떻게 접근해야 현명한 선택이 될 수 있을지 난감한 것이 현실이다.

때문에 농작물을 재배함에 있어 분명한 원칙과 소신을 갖고 농사를 지어야 한다. 해마다 바뀌고 들쭉날쭉 하는 작물 수익성에 대한 소득순위에 집착할 필요가 없다. 무엇보다 작물선택을 함에 있어 우선시되어야 할 부분은 자신의 농사기술 수준을 알아야 되고, 재배지의 기후여건이 선택한 작물 재배에 적합한지 여부, 어느 정도의 규모로 재배할 것인지를 결정하는 투자규모의 결정, 생산한 농산물의 유통의 편리성을 감안한 교통여건, 시장개방으로 인한 외국농산물의 유입으로 인한 후유증 등을 세밀하게 살펴보고 따져보아 작물선택을 해야 한다. 적어도 프로농사꾼이 되려 한다면 작물의 소득순위에 연연하지 말아야 한다. 진정한 농사꾼이라면 자신이 선택한 작물을 얼마나 시장성 있게 잘 재배해 소위 명품농산물을 시장에 내놓을 수 있을 것인가에 승부를 걸을 수 있어야 한다. 농산물가격은 공산품가격처럼 일정할 수 없다. 수급조절이 불가능한 농산물시장의 특성상 해마다 편차가 얼마나 크게 나느냐 일뿐 가격이 일정할 수는 없다.

귀농하면서 미리 작물선택을 하였다면 귀농 정착지가 해당 작물재배에 적당한지, 지역 특작물은 아닌지, 해당 작물 작목반은 있는지 등을 지역 농업기술센터 등을 통해 알아보아야 한다.

만약 작물 선택을 하지 않았다면 해당지역 특작물은 어떠한 것이 있는지, 작목반은 있는지, 있다면 특작물 작목반 가입조건은 무엇인지 등을 재배 농가를 현장 방문해 알아보아야 하고, 지역 농업기술센터 방문·상담을 통한 적합한 작물을 추천받는 것도 하나의 방법이다.

하지만 무엇보다 중요한 것은 선택한 작물을 재배함에 있어 자신이 그 일들을 감당해낼 수 있느냐 하는 점이다. 농사의 기본은 자신이 감당해낼 수 있는 작물을 선택해야 함과 동시에 농사일 역시 스스로 책임질 수 있어야 한다는 것이다. 남의 손을 거쳐 농사짓는다는 것은 비싼 인건비와 일손이 턱없이 모자라는 농촌의 특성상 상상할 수 없는 일이다.

농사는 이웃이 지어준다는 말이 있다. 좋은 이웃을 만들면 이웃이 기술지도는 물론 자신의 일같이 도와줄 것이다. 좋은 이웃은 자신이 만드는 것이지 누가 만들어 주는 것은 아니다. 좋은 이웃을 만들고 이웃에게 적극적으로 기술 지도를 받고 도움을 요청해야 한다.

여기서 특히 유념할 부분은 작물하나만을 대상으로 귀농 승부를 걸기엔 너무 큰 모험 일 수 있다는 것이다. 때문에 주재배작물외 이를 뒷받침 해줄 수 있는 다른 작물을 같이 재배하는 소위 복합영농을 해야만 위험을 분산시킬 수 있을 뿐 아니라 소득원을 좀 더 다양화 시킬 수 있다는 측면에서 귀농인들이 관심을 가져야 할 부분이다. 그러나 무리하게 욕심을 부려 너무 많은 작물을 재배하려 할 경우 몸도 휴식을 줘야 하는데 쉴 틈이 없어 자칫 몸에 무리가 올 수 있음은 물론 쉽게 지칠 수 있으므로 자신이 감당해 낼 수 있을 정도로만 욕심을 내야 함도 잊지 말아야 한다. 농촌에서도 건강이 제일의 자산임을 잊지 말자.

8. 고소득 작물! 어느 작물을 어떻게 재배할까?

어느 작물을 재배해야 소득을 한푼이라도 더 높일 수 있을까? 이 문제는 귀농인 뿐만 아니라 평생을 농사일로 살아온 프로 농사꾼조차 풀기 힘든 수수께끼이다. 왜냐하면 매년 소득작물의 순위가 바뀌기 때문이다.

작물마다 각기 다른 재배법이 있다. 아무리 평생 농사일에만 전념했다 해도 모든 작물에 대한 재배노하우를 갖고 있을 수 없다. 또한 매년 뒤바뀌는 소득작물을 미리 알고 재배한다는 것은 불가능 할뿐더러 해당 작물에 대한 재배 노하우 역시 단기간에 체득되는 것이 아니기 때문에 농민입장에서는 농민 나름대로의 농사철학을 갖고 작물재배에 임해야 한다.

농사는 농민 자신이 가장 자신 있게 재배할 수 있는 작물을 선택하되 지속적으로 시장성이 큰 작물이어야 한다. 아무리

작물재배를 잘해 수확을 잘 했다 하더라도 이에 비례해 큰 수익을 얻을 수 있는 것은 결코 아니다. 이제껏 농민들은 아무리 농산물을 잘 재배해봤자 유통과정이 왜곡되어 결국은 중간상인들만 배불려 왔음과 더불어 농산물수입이나 경기흐름 등 농산물가격에 영향을 미칠 수 있는 요소가 한 두 가지가 아니기 때문에 가격 안정성에 대한 불안이 늘 농민들을 괴롭히고 있다. 때문에 이제는 농민들도 이와 같은 외부적 요인에 흔들리지 않고 안정적인 고수입을 창출하기 위해서는 생산에만 머물러 있어서는 안되고 시장성 있는 상품으로의 창조적가공과 판매 및 서비스까지 스스로 책임지는 6차산업의 원스톱시스템으로 변화해야 하며, 실제로 많은 농민들이 이에 적극적으로 참여하고 있고, 참여할 것으로 보인다.

작물재배는 유행에 따라 이것저것 재배한다는 것은 불가능하다. 작물을 바꿀 경우 새로운 작물을 재배하는데 들어가는 비용과 기간 및 재배방법, 출하시기, 재배 농가 수 등이 가격과 직결되기 때문에 이에 대한 충분한 숙지가 된 상태에서 심사숙고해 결정해야 한다. 이제는 농사도 경영마인드로 접근하지 않으면 안 된다. 재배해 놓고 판로를 찾기보다는 판로를 확보해 놓고 재배해야 한다. 어느 작물을 재배함에 있어 기존의 생산방식이나 가공방식에 안주하기 보다는 새로운 생산방식을 통한 크기, 향, 색깔, 맛, 당도 등이 업그레이드된 작물과 새로운 가공방식을 통한 새로운 상품을 지속적으로 시장에 내놓아야만 경쟁에서 우위를 점할 수 있는 시대가 도래 했다. 최소한의 위험부담을 안고서라도 6차산업으로의 도전이나 새로운 시장에 뛰어들 자세가 되어 있지 않다면 결국은 농촌에서도 퇴출될 수밖에 없을 것이다. 농촌에서도 창조농업이 절실한 시점이 도래한 것이다.

■ 농식품수출선도조직사업

농림축산식품부와 농수산물유통공사에서는 2009년도부터 '농식품수출선도조직사업'을 추진하고 있다. 이 사업은 정부에서 선정한 농작물 품목을 생산하는 농가와 농식품수출업체 중에서 정부에서 제시하는 일정 조건을 충족한 업체를 수출선도조직으로 선정해 농식품 생산자와 농식품수출업체 즉 수출선도조직간에 계약을 체결하고 수출선도조직의 주도하에 품종선택, 재배, 수확, 선별, 포장, 수출, 안정성 및 품질관리, 정산, 농가교육 등의 전 과정을 수행하는 시스템으로 구성함으로서 생산된 농식품의 수출경쟁력을 높여주고 해외바이어와의 수출상담력을 향상시켜 과당경쟁을 통한 저가수출을 막고 수출확대를 도모함으로써 궁극적으로 농가소득을 향상시키고자 함에 그 목적이 있다. 2013년도 '농식품수출선도조직사업'은 15개 품목에 18개 선도업체가 선정되어 있다. 선정품목 및 선정조직을 살펴보면 파프리카((주)코피), 김치(대상FNF), 단감(모닝팜), 백합(대동농협), 장미(로즈피아, K-Flower), 유자차(한성푸드), 팽이버섯(한국버섯수출사업단(KMC)), 새송이버섯(머쉬엠), 토마토(EK무역), 국화(구미원예수출공사), 선인장(고덕원예무역), 겨울딸기(엘림무역, 경남무역), 사과(K-Apple), 밤(양촌영농조합법인, (주)에버굿), 멜론(NH무역) 등 15개 품목이다. 재배작물로 참고할 만하다.

요즘 좋은 수익성을 보이고 있는 작물들은 새로운 작물이라기보다는 친환경영농법이나 6차 산업으로 고수익을 얻고 있는 작물들이다. 최근 고수익작물로 파프리카, 수국, 블루베리, 오디용뽕나무, 밭고추냉이, 삼채, 치콘, 신선채소(부추, 시금치 등) 등이 소개되고 있다. 하지만 모든 작물은 친환경농법이나 시설재배 등과 같이 재배방법에 따라 고수익작물이 되기도 하고, 그렇지 아니하기도 하다. 때문에 어떤 작물을 재배하느냐도 중요하지만 어떤 작물을 어떻게 재배할까가 더 중요하다.

제2장

본격적으로 떠나는 귀농여행!

1. 귀농주택 택지선택

　도시인 대부분은 은퇴 후 물 좋고 산 좋은 멋진 전원에 아름다운 주택을 짓고 텃밭을 가꾸며 여유롭게 인생 후반을 살아가는 전원생활을 꿈꾼다. 하지만 과연 이러한 꿈을 우리 모두는 얼마나 이룰 수 있을까. 대단히 유감스럽게도 경제적 여유가 넉넉한 극히 소수의 일부를 빼고는 상상에 불과한 꿈일 뿐 현실적으로는 거리가 먼 이야기가 아닐까싶다.

　6.25전쟁 직후 밥 세끼 먹는 것도 사치일정도로 온 국토가 폐허가 된 나라에서 태어나 온 몸으로 국가발전에 이바지하고 자식교육에 헌신한 베이비부머세대로서 사치나 화려함은 아닐지라도 최소한의 소소한 여유와 행복은 누릴 권한은

분명 있을 법 한데 이마저도 비켜서있는 현실이 서글프게 다가와 안타깝기 그지없다. 그러나 행복은 멀리 있는 것이 아니듯, 파랑새가 잡히지 않는 먼 꿈이 아니듯 생각 한번, 마음 한번 바꿔 먹으면 우리 모두는 이를 누릴 수 있지 않나 생각한다.

아주 어려서부터 우리 모두는 남과 비교하면서, 아니 비교되면서부터 불행해지기 시작했다. 수많은 이들 특히 베이비부머세대들에 있어 지나고 보면 분명 자신만의 길이 있었음에도 시대적 희생양이 되었든 개개인에 주어진 상황으로 그렇게 되었든 그 길을 찾지 못하고, 보지 못하고, 도전하지 못한 채 세상의 물결에 떠밀리어 어쩔 수 없는 인생을 살아야 했지 않았나 생각해본다. 하지만 제2의 삶을 꿈꾸며 귀농하려는 이 시점에서 자신의 관점과 안목으로 세상을 바라보고 선택할 수 있는 분명한 가치관을 갖고 도전해본다면 결코 무모한 도전은 아니라 본다.

자연 속에 묻혀있는 농촌에서는 도시에서처럼 큰 저택과 화려한 정원을 꿈꾸지 않아도 된다. 마음먹기 따라 널려져 있는 산이 정원이고 눈에 보이는 곳이 자신만의 뜰일 수도 있기 때문이다. 하지만 아무리 그렇다하더라도 내가 살아야 할 최소한의 주거공간과 농지는 갖고 있어야 귀농생활을 영위해 갈 수 있다.

만약 귀농할 지역에서 기존에 있는 주택을 구입하지 않고 농지나 임야 등 토지를 매입해 농가주택을 신축할 예정이라면 택지선택은 어떻게 할 것인가. 농지를 살 때와 임야를 살 때 살펴봐야 할 조건들이 있다.

우선 살펴봐야 할 부분이 도로에 접해 있는지 여부를 확인해야 한다. 도로는 지적법상 도로와 현황도로, 관습상 도로가 있다. 건축법상 건축허가를 받을 수 있는 보편적인 도로요건은 다음과 같다.

① 도로법 또는 사도법상 개설된 도로일 것
② 지목이 도로일 것
③ 지적도(임야도)상 도로일 것
④ 실제 사용 중인 현황도로일 것
⑤ 폭이 4m 이상일 것
⑥ 토지가 2m 이상 도로에 접할 것 등이다.

위에서와 같이 건축법상 도로로 인정받기 위해서는 도로 폭이 4m 이상 확보되어야 한다. 이에 대한 예외규정으로 도로가 '막다른 도로'일 경우 그 길이가 10m 미만일 경우엔 2m, 10m 이상~35m 미만일 경우엔 3m, 35m 이상일 경우 6m(도시지역이 아닌 읍·면지역은 4m)의 폭을 확보해야 한다(건축법시행령 제3조의 3).

문제는 현황도로나 관습상 도로, 임도, 농로 등에 대한 건축허가 여부이다. 여기서 임도나 농로는 도로가 아니기 때문에 건축허가 시 진입도로로 이용하거나 사용할 수 없다. 따라서 임도나 농로를 이용하여 건물을 신축할 수 없다. 하지만 예외적으로 주민이 장기간 이용하고 있는 사실상의 통로인 경우, 토지소유자의 동의 없이 도로로 지정할 수 있다는 규정이 있는 경우엔 해당 지자체 조례에서 허용하고 있는 경우도 있으므로 해당자치단체에 확인해봐야 한다.

또한 토지가 지적법상 맹지임에도 불구하고 현황도로나 관습상도로가 있는 경우 건축법상 도로로 인정할 수 있는가 여부는 토지이용현황 및 토지여건 등에 따라 지자체마다 다른 해석을 할 수 있기 때문에 건축허가 시 도로 인정여부에 대한 지자체 확인을 필히 해야 한다. 이는 지적법상 도로에 접해 있지 않은 땅은 맹지로서 개발행위를 할 수 없기 때문이다.

또한 매입하고자 하는 토지가 맹지일 경우 도로로 사용해야 하는 부분의 땅 소유주에게서 토지사용승낙서를 받거나 매입해야 하는데 이것이 생각처럼 간단치 않기 때문에 유의해야 한다. 아직도 농촌마을에는 텃세가 남아 있어 자칫 토지사용승낙서를 받지 못할 수도 있을 수 있고, 설령 사용승낙서를 받더라도 아주 큰 대가를 치르고 받을 수 있기 때문이다. 또한 자칫 토지소유자를 잘못 만나는 경우 시세보다도 훨씬 비싼 금액을 주고 사야하는 경우도 있을 수 있어 아무리 마음에 드는 토지가 나왔다하더라도 이 부분에 대한 확실한 해결책이 나왔을 경우에 한해 계약을 해야 한다.

다음으로는 향이다. 가급적이면 남향이나 남동향이 좋다. 북향은 겨울에 춥고 습한 기운이 많기 때문에 가급적 피해야 한다. 여기에 토질이 비석비토인 마사토라면 더할 나위 없이 좋다. 여기에 마을을 내려다 볼 수 있는 적정 고도를 갖춘 곳, 땅의 생김새가 반듯한 곳이라면 최상의 조건이다.

면적도 주택외 작은 정원과 채소를 심어 먹을 수 있는 정도
의 텃밭을 조성할 수 있고, 농사용 창고, 겨울철 눈 등에 대비
한 주차장을 마련할 수 있는 등의 최소한의 크기를 갖출 수
있어야 한다. 이 정도 규모를 갖추는데 필요한 최소한의 규
모는 1,000㎡(302.5평)~1,200㎡(363평)은 돼야 한다.

이외 계곡이나 하천인접여부도 살펴 홍수시 피해발생여부
도 고려해야 하며, 산사태 발생 가능성여부, 축사나 돈사·
계사 인접여부, 인근에 분묘가 있는지 여부 등도 미리 확인
해야 한다. 토지이용계획확인원을 확인해 용도지역과 용도
지구 및 각종 제한 사항들을 확인하고, 토지대장이나 임야대
장을 통해 실면적과 공부상면적이 같은지 여부도 확인해야
한다.

그리고 매입하려는 토지에 건축물이 존재하는 경우가 있
는데 반드시 건축물대장을 확인하여 무허가건물여부는 물론
토지대장상의 소유주와 건축물의 소유주가 동일인인지 여
부, 지상권여부도 확인해야 한다. 특히 농가주택일 경우에는
대지가 아닌 농지에 주택이 있는 경우도 제법 많이 있기 때
문에 세심한 확인절차를 필요로 한다.

‘국토의계획및이용에관한법률’(이하 국토계획법)상 농지전
용에 문제가 없는지도 확인해야 한다. 특히 아무도 아는 사
람이 없는 생경한 지역으로 귀농하려 할 경우 주거지가 마을
과 너무 동떨어져 있어도 마을 사람들과의 교감이 멀어질 수
있기 때문에 좋지 않다. 가급적이면 마을과 가까운 곳에 터
를 잡는 것이 좋다. 농사초보가 기존 마을주민과 분리되어
정착한다는 것은 무리이다. 농사는 어느 작물을 재배하든 이
웃 주민들의 도움 없이 혼자서는 절대로 지을 수 없다. 적어
도 마을사람들의 시야에서 벗어나지 않는 곳에 터전을 잡아
야 한다.

택지선택을 함에 있어 살펴본 바와 같이 여러 중요한 요소
들이 많이 있지만 무엇보다 가장 중요한 요소는 경관이 아니
라 마을에서 멀리 떨어지지 않은 곳, 그래서 늘 마을사람들
과 마주치며 어울릴 수 있는 곳임을 알아두자. 아울러 농가
주택은 전원주택과는 아주 다르다는 것을 잊지 말아야 한다.
이외 식수원이 확보되어야 하고, 전기설치 하는데 문제가 없
어야 하며, 배수로확보가 가능해야 한다.

세상에 좋고 싼 땅은 없다. 비록 현재는 보잘 것 없는 것 같

아 보이는 싼 땅일지라도 주변 환경 즉 주변가치가 괜찮은 미래가치가 있어 보이는 땅을 열심히 찾아 잘 가꾸고 매만지면 어느 땅과도 비견될 수 있을 만큼 좋은 땅이 된다는 사실을 잊지 말아야 한다.

귀농인들이 농촌에 토지매입을 하고자 할 경우 일반적으로 관리지역(계획관리지역, 생산관리지역, 보전관리지역) 중 계획관리지역에 집중적으로 매입을 고려하고 있다. '국토계획법상' 이들 관리지역의 건폐율(건물바닥면적)과 용적률(건축연면적(단, 지하층면적은 건축연면적에 포함되지 않음))을 살펴보면 계획관리지역의 경우 건폐율 40%이하, 용적률 100%이하, 생산관리지역 및 보전관리지역의 경우 건폐율 20%이하, 용적률 80%이하로 규정하고 있어 계획관리지역이 건폐율과 용적률에 있어서나 이용도면에 있어 활용가능성이 크기 때문에 생산관리지역이나 보전관리지역보다 일반적으로 30%이상 가격이 높게 형성되고 있다. 이에 따라 주택 외 숙박시설, 음식점, 공장, 창고 등의 이용 목적으로 매입하고자 할 경우에는 계획관리지역내의 토지를 매입해야 한다.

그러나 여기서 주의 깊게 살펴봐야 할 우리가 잘 모르는 규정이 있다. '국토계획법 제84조제6항' 및 '농지법제34조'의 규정에서는 위에서와 같은 규정에도 불구하고 보전관리지역 및 생산관리지역 안에서 농지를 전용해 주택을 건축할 경우 건폐율을 60%까지 높일 수 있도록 특별시 · 광역시 · 시 또는 군의 도시계획조례로 정할 수 있도록 위임하고 있음을 알아야 한다. 이 규정에 의거 상당수의 지방자치단체에서 '도시계획조례'로 이를 시행하고 있기 때문에 주택용도의 토지를 매입할 경우 굳이 가격이 비싼 계획관리지역 농지를 선택할 이유가 없다. 다만, 용적률은 하위법에서 변경하는 것을 정하고 있지 않기 때문에 그대로임을 알아두자.

예를 들면 이를 시행하고 있는 지방자치단체의 생산관리지역이나 보전관리지역 내 농지 100평을 대지로 전용해 주택을 건축할 경우 1층 60평, 2층 20평까지 건축이 가능하다(건폐율 60%, 용적률 80%). 건폐율이 계획관리지역보다 오히려 20%나 더 높다.

'양평군 도시계획조례 제56조'를 살펴보면
'제56조(「농지법」에 의하여 허용되는 건축물의 건폐율 완화) 영제84조 제6항의 규정에 의하여 보전관리지역 · 생산관리지역·농림지역 또는 자연환경보전지역 안에서 「농지법」 제32조의 규정에 의하여 허용되는 건축물의 건폐율은 60퍼센트 이하로 한다.'고 규정하고 있다.

여기서 유의할 점은 전국의 모든 지방자차단체에서 이를 시행하는 것은 아니기 때문에 귀농하고자 하는 지방자치단체에 '도시계획조례'로 위 사항을 시행하고 있는지 여부를 문의하여 확인하는 절차를 반드시 거쳐야 한다.

좋은 땅을 구하려면 그만큼의 발품과 노력을 기울여야 한다. 귀농하고자 하는 마을의 이장이나 주민들한테 좋은 정보를 얻을 수 있도록 노력해야 한다.

2. 농지매입

택지매입을 마쳤으면 다음으로 농지매입을 해야 한다. 택지매입이 먼저냐 농지매입이 먼저냐는 전혀 중요하지 않다. 조건이 좋은 매물이 나왔다면 어느 것을 먼저 매입하든 상관 없다.

얼마 전 귀농인들의 정착현황과 농지시세를 알아보고자 충남일원과 전북 일원을 돌아본 적이 있었다. 충남 태안군에 갔을 때의 일이다. 바닷가 근처에 있는 전과 임야를 돌아 보던 중 동네 아주머니 한 분이 내 얼굴을 공격적으로 쳐다 보시면서 하는 말씀 "이 밭과 평수가 비슷한 내 밭에서 나는 콩 수확량이 이 밭에서 나는 콩 수확량보다 배 이상 많이 나오고, 토질도 비교할 수 없을 만치 좋은데 땅 값은 내 밭보다 왜 이렇게 비싼 거냐고." 하시면서 도대체 이해 할 수 없다는 표정을 지으면서 화를 내시는 것이 아닌가. 농사를 천직으로 알고 평생을 살아오신 그래서 모든 초점이 농사에 맞춰져 있는 분 입장에서는 당연히 드는 의구심이었을 것이다. 하지만 주택이나 펜션 등 부동산 개발에 초점이 맞춰진 투자자 입장에서는 토질이나 수확량은 의미가 없는 것이고 오직 주위 풍광이나 진입여건 등 얼마나 투자조건에 맞는 땅인지에 시선이 고정되어 있을 뿐이다.

이러한 투자행태에 익숙한 도시민들이 귀농하고자 할 경우 순수하게 농지를 매입하고자 하는 것인지 아니면 투자목적으로 매입하고자 하는 것인지 애매모호한 태도를 보이면서 착시 현상에 빠지는 경우를 수시로 목격하곤 한다. 다시 말해 귀농인이 농지매입을 할 경우 부동산투자를 하듯 개발가능성을 염두에 두고 매입하려는 경우가 종종 있기 때문이다. 귀농인이 농지를 매입하려는 목적은 투자목적이 아니라 온전히 농사짓기 위한 것이기 때문에 농사짓기에 가장 적합한 땅을 매입해야 함을 잊어서는 안 된다. 물론 두 마리 토끼를 다 잡을 수 있는 곳이라면 두말할 나위가 없겠지만 말이다.

요즘엔 소위 눈 먼 땅은 없다. 아무리 후미진 시골구석이라 하더라도 나름대로 토지가 갖고 있는 내재가치를 평가 받고 있음을 확인할 수 있다.

전이건 답이건 농사를 짓는데 있어 첫 번째 요건은 물이다. 가급적이면 수로를 통해 가뭄에도 농사짓는데 어렵지 않게 물을 공급 받을 수 있는 곳을 찾아 선택해야 한다. 그렇지 않다면 관정이 뚫려 있는지, 관정에서 퍼 올리는 물로 농사짓기 충분한지 알아봐야 한다. 상습수해피해지역은 아닌지도 살펴봐야 하고, 도로(농로포함)에 접하고 있어 차량이나 콤바인 등 농기계진출입이 자유로운지 여부도 당연히 확인해야 한다. 주거지에서 농지가 너무 멀리 떨어져 있어도 좋지 않다.

특히 농사 경험도 없는 귀농인이 스스로 부담 하지 못할 정도의 대규모 농지를 매입하는 것도 경계해야 한다. 가장 좋은 방법은 농지구입을 일단 뒤로 미뤄두고 마을 노는 땅을 임차해 한 삼년 정도 농작물을 직접 재배해 보는 등의 경험을 쌓은 후 이를 토대로 스스로 농사지을 만큼의 범위 내에서 농지를 구입하는 것이 순서다. 능력 밖으로 농지를 크게 매입하면 사람 품을 팔아 농사지어야 한다. 최악의 경우 자신 소유의 토지는 타인에게 임대해주고 정작 자신은 품 팔아 먹고사는 귀농인들도 있음을 알아야 한다. 농지는 농사일이 몸에 배이는 것과 비례해 시차를 두고 서서히 규모를 키워나 가는 것이 맞다. 농사짓는데 있어 일 욕심 빼고 어느 것 하나 라도 욕심 부려서는 탈이 날 수 있음을 명심해야 한다. 비싼 땅보다도 현재가치는 미미하더라도 잘 가꾸고 매만져 미래 가치를 키울 수 있는 땅을 사도록 노력해야 한다.

농지매입은 지역 부동산업자와의 거래보다는 지역주민과 직거래 하는 편이 오히려 바가지 쓸 가능성이 적다. 대부분 의 지역부동산업자들의 특징은 부동산중개수수료에 의존하 기 보다는 지주가 받기 원하는 평당가에 몇 만원씩 웃돈을 올려 받기로 지주와 약속을 하고 중개하는 관행이 있어 외지 인입장에서 소위 바가지 쓰는 경우가 있을 수 있음을 명심하 고 인근 주변의 정확한 시세를 파악할 수 있도록 중개업소는 물론 마을주민들과의 유대강화에 노력해야 한다. 귀농해 세 월이 흐르면서 마을 분들과의 친밀도가 높아진 후에는 그 분 들한테서 동네에서 일어나고 있는 세세한 일까지 정보 확보 가 가능해지고, 매물 정보까지도 입수가 가능해지면서 좋은 땅을 시세보다도 저렴하게 구입할 수 있는 여건이 갖춰지게 되는데 농지구입은 이 후의 일이다.

　요즈음 시골인심이 도시보다 오히려 더 각박해졌다고 말하는 사람들을 자주 접하게 되는데, 그러한 면도 분명히 있겠지만 그렇게 각박해진 원인을 그 분들한테만 돌릴 수 있는 것인지, 도시인 입장에서 역지사지로 생각해볼 일이다.

　농촌에 주택이나 임야, 농지 등을 구입하려 할 경우 도시지역이나 수도권지역에서의 구입조건과는 크게 차이가 난다. 도시지역은 개발화되고 집단화된 비슷한 조건을 가진 지역들이 많이 존재하기 때문에 주택, 대지, 농지 할 것 없이 매수하려는 자가 선택할 수 있는 조건, 즉 도로나 주변 환경 등 선택할 수 있는 상황이 객관화되어 있고 매뉴얼화 되어 있기 때문에 선택하기가 비교적 용이하다. 하지만 농촌이나 산촌에서는 얘기가 달라진다. 도시지역에서처럼 매매가 빈번히 발생되는 곳이 아닌 이유로 매매가격이 적정한 가격인지 비교할 대상이 부족하기 때문에 여러 곳의 중개업소를 방문해 비슷한 물건을 문의해 비교해 본다든지 인접마을도 방문해 알아본 후 세밀한 비교검토 작업을 거쳐 매입여부를 결정해야 한다.

보통 도시인들이 농지나 임야 등 토지를 구입하고자 할 경우 살펴야 할 여러 요인들이 존재하지만 그 중 가장 중요한 요인 하나는 처음 땅과 접했을 때 다가오는 자신만의 느낌이다. 젊은 날 친구로부터 상대방에 대한 면식이 전혀 없는 이성을 소개받았을 경우 첫 만남에서 '저 사람은 바로 내 사람이다'라고 운명처럼 느낌이 다가오는 사람이 있듯이 농촌이나 산촌에 평생 함께 가야할 땅을 구하고자 할 경우에도 같은 느낌으로 다가오는 땅이 있다. 많은 땅을 살펴보고 다니다 보면 왠지 모르게 포근하고 편안하게 다가오는 땅, 처음 와보는 곳이지만 먼 옛날 언제인가는 모르지만 살았던 곳과 같이 느껴지는 낯설지 않은 느낌을 주는 땅이 있다. 그런 땅이 자신이 귀농귀촌을 해야 할 바로 그런 정착지일 가능성이 매우 크다.

고추 친환경 안정재배 시범

3. 농가주택 및 토지 구입 시 유의할 점

　'조세특례제한법 제99조의4항'의 농가주택 외 일반주택 매도시 1주택으로 보지 않는 농가주택은 '수도권 및 도시지역 소재 주택을 제외한 읍·면지역 소재 주택으로서 대지 면적이 660㎡(≒200평) 이내이고, 건물면적이 150㎡(≒45평) 이내이며, 취득가액이 2억 원 이하인 주택'을 말한다.

　농가주택을 매입하거나, 집을 신축하거나, 농지를 매입하고자 할 경우 농촌이라는 특성상 유의할 사항 다시 말해 조세특례제한법상 농가주택의 범위, 농업인자격요건 등과 같이 일정 조건을 갖추지 못했을 경우 일정부분 손해를 감수해야 하는 경우도 발생할 수 있으므로 사전 지식을 충분히 갖춘 후 실행에 옮겨야 한다.

현행법상 농업인자격요건을 갖췄을 경우 신축하는 농가주택의 경우 공시지가의 30%에 해당하는 농지전용비(농지보전부담금)를 100% 감면받을 수 있다. 이 경우 대지로 전용할 수 있는 상한면적이 660㎡이하이기 때문에 대지평수는 660㎡이하로 전용하는 것이 유리하다.

또한 도시에 주택을 소유하고 있고 동시에 농촌에 주택 150㎡(45평)이하를 소유하고 있을 경우 농촌주택은 주택으로 간주하지 않기 때문에 도시주택이 1주택양도세비과세요건을 충족시켰을 경우 매도시 비과세혜택을 받을 수 있다.

토지 구입시에는 우선 공부를 확인해야 한다. 토지이용계획확인원상 「국토의계획 및 이용에 관한법률」 에 따른 지역·지구 등의 확인과 다른 법령 등에 따른 지역·지구 등의 제한사항과 각종 개발사업 등에 대한 내용을 확인할 수 있다. 토지대장이나 임야대장 및 지적도 등을 확인하여 공부면적과 실사용 면적이 일치하는지 여부와 토지모양을 확인해야 한다.

농촌의 특성상 특히 '전'의 경우 경계가 일치하지 않는 경우가 많아 매입하려는 토지에 대한 정확한 위치 및 면적을 확인해야 한다. 수 십 년간 대를 이어 경작해온 밭이 당연히 자신의 토지인줄 알고 매각하려 할 경우 매수인 입장에서 확인 절차를 거치지 않은 채 매도인의 말만 믿고 덜컥 매입한 후 지번에 대한 경계측량을 해보니, 계약서상의 지번의 토지는 전혀 엉뚱한 방향으로 틀어져 있어 농사짓는 게 불가능한 어처구니없는 경우에 처할 수도 있기 때문에 반드시 경계측량을 해 확실한 위치를 확인한 후 매입하는 것이 당연한 절차이다. 측량비용 얼마 아끼려다 더 큰 손해를 감수해야 할 경우가 있음을 명심하자.

또한 매입하려는 토지에 창고와 같은 건축물이 존재하는 경우가 있는데 이런 경우 반드시 건축물대장을 확인해 무허가건물 여부와 지상권존재여부를 확인해야하며 토지소유자와 건축물소유자가 일치하는지 여부도 확인해야 한다.

그리고 농가주택을 매입하려 할 경우에도 건축물대장을 확인해 무허가주택여부를 파악해야 하고, 대지소유자와 건물소유자가 일치 하는지, 주택이 대지가 아닌 농지에 지어 졌는지 여부도 반드시 확인한 후 매입여부를 결정해야 한다.

특히 농가주택을 매입할 경우엔 빈집보다는 사람이 실거주하고 있는 집을 구하는 것이 무난하다. 빈집일 경우 수리해야 할 부분이 많은 경우 신축하느니만 못한 경우도 있을 수 있다. 싸다고 선뜻 계약서에 도장 찍어서는 안 된다. 제일 먼저 비가 새는지 여부를 서까래나 천장, 벽 등을 통해 확인해야 한다. 시골집 대부분은 나무기둥과 흙벽으로 되어 있기 때문에 비가 새면 기둥이 썩고 흙벽이 상했을 가능성이 크다. 따라서 집을 수리할 경우 뼈대가 제대로 버티고 서 있을 수 있는지 반드시 확인점검을 해봐야 한다. 그렇지 않았을 경우 집을 헐어야 할 경우가 있을 수도 있기 때문이다.

임야의 경우 분묘가 있는지, 있다면 어떻게 처리할 것인지 등을 계약 전 확인해 계약서상에 명시해야 하며, 경사도나 토질, 입목 등을 파악해 개발가능성 여부를 파악해야 하는 동시에 전체면적에 대한 실사용 면적이 몇%나 되는지 등을 확인해 매입하려는 가격이 적당한 가격인지 살펴봐야 한다. 전체면적은 주변시세에 비해 굉장히 저렴한데 실제 사용할 수 있는 면적이 얼마 되지 않는다면 반대로 굉장히 비싼 가격에 매입하는 결과를 가져올 수 있기 때문이다.

또한 등기부상의 소유주가 사망했음에도 상속절차를 밟지
않아 망자의 명의 그대로 있는 부동산의 경우 상속인 전체의
상속재산분할협의서와 인감증명서 등의 서류가 필요한 만큼
상속인 전체의 의견을 확인해야 하며, 등기부상 소유주가 미
성년자일 경우엔 법정대리인의 동의가 필요한 만큼 계약체
결시 계약당사자가 법정대리권이 있는 사람인지 여부를 주
민등록등본 등의 공부를 통해 반드시 확인한 후 계약에 임해
야 한다.

4. 농가주택 어떻게 짓지?

농가주택은 농사짓는 사람이 사는 주택이기 때문에 영농친화적인 주택으로 설계되고 건축되어야 한다. 농가주택은 전원주택과 혼동해서는 안 된다. 가급적 주택규모를 크게 하기보다는 거주인원수에 맞는 범위 내에서 가장 작게 짓고 이후 필요할 경우 증축하는 게 맞다. 처음부터 크게 건축해봤자 건축비는 물론이고 관리비나 겨울철 난방비 부담만 커지기 때문에 크게 건축할 하등의 이유가 없다. 전원주택이나 농가주택을 포함한 농촌주택은 아파트와는 달리 실 사용면적(아파트의 전용면적)이 건축면적이기 때문에 생각보다 넓다. 여기에 창고와 데크 등을 적절히 이용하면 상당한 넓이를 확보할 수 있다. 농가주택은 보통 $66\,m^2$(20평)~$85\,m^2$(25.7평)정도가 적정규모이다. 이정도면 방3칸, 거실, 주방, 화장실 2개가 넉넉히 나온다.

다만, 농가주택을 전원주택과 혼동해 정원을 크게 하려는 경향이 귀농인들에게 있는데 너무 무리해서 크게 만들지 않는 게 좋다. 정원은 생각보다 관리하기가 쉽지 않기 때문에 자칫 세월이 흐르면서 정원으로서의 기능을 상실할 수도 있다. 좀 작더라도 야무지게 만드는 것이 좋다. 대신 텃밭은 어느 정도 크게 하더라도 좋다. 이 텃밭 가꾸는 재미가 상당하다.

농가주택을 짓기 위해서 우선 농지는 농지전용허가를, 산지라면 산지전용허가를 받아야 한다. 이처럼 전용허가를 받을 경우 이에 따르는 부담금을 내야 하는데 농지전용시에는 농지보전부담금을 산지전용시에는 대체산림자원조성비를 내야 한다. 이때 농민의 경우 농업인의 조건과 자격을 갖췄을 경우 660㎡(≒200평) 이하의 농지를 전용할 경우 농지보전부담금을 내지 않도록 하고 있다.

전용허가를 받으면 토목공사를 진행시켜 건축할 수 있는

기반공사를 마무리해 놓아야 한다. 토목공사를 얼마나 완성도 높게 마무리시켜 놓았는지에 따라 토지를 가장 효율적으로 이용한 주택을 지을 수 있다. 토지를 아무리 싸게 잘 샀다 하더라도 토목공사에 너무 공을 들일 경우 과도한 토목공사 비용으로 인해 결과적으로 평당 가격이 주변의 시세보다도 훨씬 비싸게 되는 경우가 허다하다. 이러한 연유로 토지를 매입 할 경우 향후 토목공사비용이 얼마나 들지를 미리 예측해 이 비용까지 토지구입비용에 합산해 적정 매입 가격인지 확인해 본 다음 매수여부를 결정해야 한다.

토목공사는 토목공사 업자들이나 주위사람들에게 조언을 구해 토지를 가장 효율적으로 이용할 방법을 찾아 공사를 진행시키는 것이 좋다. 토목공사 시 가장 유의할 점은 배수로 공사이다. 자칫 이웃과의 분쟁을 유발시킬 수 있는 아주 예민한 부분이니 만큼 이해관계가 있는 이웃들과의 충분한 사전협의를 거쳐 가장 원만한 방법으로 공사를 진행시켜야 한다. 다시 말해 건축을 하게되면 정화조를 설치하게 되는데 이 정화조에서 정화된 생활하수가 배출되는 배출구가 타인의 토지를 경유해야 한다거나 거리가 너무 떨어져 있어 관로를 묻어야 할 경우가 있다. 만약 타인의 토지를 경유해야 할 경우엔 해당 토지소유자의 동의를 얻어야 하고, 관로를 묻어야 할 만큼 거리가 멀다면 과다비용이 들 수도 있기 때문에 건축부지 인근에 배수로를 연결할 수 있는 구거(하천)가 있는지 반드시 살펴봐야 한다.

일반적으로 토목공사 시 지출되는 비용은 중장비임대료, 조경석, 인건비, 레미콘 등의 비용이 대부분을 차지하며, 이에 들어가는 비용이 만만찮기 때문에 처음부터 철저히 계획을 세워 공사를 벌여야 한다.

그리고 지하수를 파야 할 경우 지역이나 시공업체에 따라 차이가 있지만 보통 깊이에 따라 30m 내외인 '소공'의 경우 200만원 안팎, 80m '중공'의 경우 500만원 안팎, 100m 내외인 '대공'의 경우 600만원~900만원까지 추가된다. 여기서 '소공'의 경우 깊이가 얕은 이유로 주변 오염원이 없어야만 식수로 가능하기 때문에 법적으로 식수용 소공은 식수확인 절차를 거쳐야 함을 유의하자. 이때 160만원 내외의 검사비를 내야 한다. 이처럼 기타 부수공사가 추가되면 비용이 그만큼 증가될 수 있기 때문에 시작단계에서의 세밀한 밑그림이 그만큼 중요하다. 여기서 지하수 개발 시 유의할 점은 내

땅이라고 해서 무조건 지하수개발을 할 수 없다는 것이다. 물이 귀한 마을은 마을과 인접해 있는 토지에 대해 지하수 개발을 못하게 하고 있는 곳도 있기 때문에 토지를 구입하기 전 미리 이장이나 마을 분들에게 지하수 개발이 가능한지에 대해 확인한 후 토지를 매입해야 한다.

일차적으로 토목공사를 마쳤다면 본격적인 주택건축에 착수해야 한다. 주택규모는 몇 평형으로 할지, 주택유형은 목조주택으로 할지 황토주택으로 할지, 총건축비 예정금액 상한선은 얼마로 할지 등을 결정한 후 설계에 임해야 한다.

유형별 건축비를 살펴보면 목조주택의 경우 3.3㎡당 320만원(보급형)~380만원(최고급형) 정도 들고, 황토주택의 경우 옵션에 따라 다르지만 3.3㎡당 280만원~350만원 정도, 스틸하우스의 경우 옵션에 따라 3.3㎡당 250만원~330만원대 이상까지 다양하며 통나무주택은 3.3㎡당 400만원~600만원 정도 들어간다.

또한 농사를 짓기 위해서는 농산물저장창고나 농기계저장창고 등 농사일과 관련된 일련의 시설이 필요한데 이것을 설계에 반영시켜 전체적으로 건물이 조화될 수 있도록 설계해야 한다. 특히 각 지방별 겨울철 기온은 벽체재료나 보일러, 벽난로, 창호 등의 자재선택과 수도배관 시 동결심도(땅이 얼어들어가는 정도) 등에 매우 큰 영향을 미치기 때문에 지역에 따른 특성에 적합한 설계를 해야 한다.

참고로 한국농어촌공사에서 무료로 제공하는 '농어촌주택 표준설계도(총79종)'를 이용하면 설계비가 들지 않는다. 이 표준설계도는 한국농어촌공사 시·군 지사에서 열람과 복사가 가능하다.

귀농귀촌종합센터(www.returnfarm.com)나 웰촌포털(www.welchon.com)에서 열람할 수 있다.

■ 농가주택 신축절차 및 지출항목 개요

1) 농지전용(개발행위허가)

① 농지보전부담금(농지전용비용)

　'전용면적(m^2)×1m^2당 개별공시지가×30%'(m^2당 상한액: 50,000원)

② 농지전용(개발행위허가)대행 수수료

③ 경계측량 및 분할측량비용

④ 건축인허가대행수수료

⑤ 건물현황측량(준공 시)비용

2) 건축 관련비용

① 전기 인입비용

② 지하수개발비용

③ 정화조구입 및 필증 비용

④ 토목공사비용

⑤ 건축공사비용

⑥ 오폐수 및 하수 배관 설치비용

3) 입주 및 관련비용

① 건축물 등록신고비용

② 건축물 취득세

③ 건물등록세 및 법무사수수료(건축물 보존등기 전까지)

4) 지목변경

① 지목변경 취득세

5) 건축물보존등기비용

※ 건축 관련 부대비용

① 수맥조사비용

② 진입로 폭 및 경계측량 관련비용

③ 진입로 폭 관련 토지구입 또는 토지사용승낙관련비용

※ 부대시설

① 컨테이너창고비용

② 조립식차고비용

5. 농지임대하기

　농지법에서는 '농지는 자기의 농업경영에 이용하거나 이용할 자가 아니면 소유하지 못 한다'라고 경자유전의 법칙을 천명하면서 농지의 소유제한에 관하여 구체적으로 규정해놓고 있다.

　농지를 매입하지 않고 귀농하였고, 당분간 매입의사가 없다면 농지를 임차해 농사를 지어야 한다. 본래 농지임대차와 관련해 1996년1월1일 개정된 농지법에서는 1996년1월1일 이후 취득한 농지에 대해서는 특별한 경우 외에는 개인 간 농지임대차를 금지하고 있다. 물론 개정 이전에 취득한 농지는 아무 제한 없이 임대할 수 있고, 개정 이후에 취득한 농지에 대해서만 임대차를 할 수 없도록 규정하고 있다.

그러나 1996년1월1일 이후 취득한 농지라도 아래 사항에 해당하는 경우에는 개인 간 임대차가 가능하도록 하고 있다.

1) 한국농어촌공사 농지은행에 농지를 임대위탁하는 경우
2) 농지이용증진사업 시행계획에 따라 농지를 임대하는 경우
3) 질병, 징집, 취학, 선거에 따른 공직취임 등 부득이한 사유로 인하여 일시적으로 임대하는 경우
4) 60세 이상 은퇴 농업인이 5년 이상 자경한 농지를 임대하는 경우
5) 주말·체험영농을 하려는 자 또는 주말·체험영농을 하려는 자에게 임대하는 것을 업으로 하는 자에게 임대하는 경우
6) 상속으로 농지를 취득한 농지를 임대하는 경우(단, 상속 농지 개인소유상한인 10,000㎡(3,025평)이상의 농지를 상속받았을 경우 10,000㎡까지는 개인 간 임대차가 가능하고, 나머지 농지는 농지은행에 임대하는 경우)
7) 이농인이 8년 이상 자경하던 농지(소유상한:10,000㎡이하)를 임대하는 경우(단, 초과농지에 대해서는 농지은행에

위탁임대 하는 경우) 등을 들 수 있다.

만약 임대 중에 있는 농지를 매수한 경우에는 농지법 제26조상 '임대농지의 양수인은 농지법에 따른 임대인의 지위를 승계한 것으로 본다'고 규정하고 있어 잔여기간동안 임차인의 지위는 변하지 않는다.

지자체에서는 보통 매년 9월경 모든 농지에 대해 농지이용실태조사를 하는데 이 조사에서 정당한 사유 없이 임대를 한 사실이 밝혀졌을 경우 1천만 원 이하의 형사처벌을 받을 수 있다. 그리고 해당 농지를 실질적으로 영농이 가능한 자에게 1년 이내 처분하도록 '농지처분의무통지'를 받게 되고, 이 '농지처분의무통지'를 받고도 1년 이내 처분하지 않은 경우 6개월 이내 농지를 처분하도록 '농지처분명령'을 받게 된다. 이 '농지처분명령'도 이행하지 않을 경우 당해 농지 공시지가의 20%에 해당하는 '이행강제금'을 농지를 팔 때까지 매년 반복해서 부과한다. 매년 부과되는 이행강제금을 한 번이라도 연체했을 경우엔 압류를 한다.

여기서 한국농어촌공사 농지은행 '농지임대수탁사업'을 살펴보자.

임대차가 허용된 농지 및 노동력부족과 고령화로 자경하기 어려운 농업인의 농지, 농지에 부속한 농업용시설을 임대수탁 받아 전업농과 신규창업농을 중심으로 이를 임대하여 농지를 효율적·안정적으로 관리함과 동시에 임차인의 안정영농과 농지시장의 안정을 도모하고자 추진하고 있는 사업이다.

■ 한국농어촌공사 농지은행 '농지임대수탁사업'

임대위탁 대상농지
▶ 실제 농업경영에 이용되고 있는 전·답·과수원
▶ 위탁농지에 부속한 농업용 시설(고정식온실·버섯재배사·비닐하우스 등)

임대위탁 대상에서 제외되는 농지
▶ '농지법'에 따른 농지전용허가·협의·신고를 거쳐 전용이 결정된 농지
▶ 소규모농지(1,000㎡미만)
▶ '국토의계획및이용에관한법률' 제36조에 의한 주거지역·상업지역·공업지역안의 농지

▶ 각종 개별법에 의한 개발계획구역 및 예정지내의 농지

▶ 한 필지 또는 동일인이 소유하는 서로 연접한 2필지 이
상의 농지로서 그 면적이 1,000㎡ 미만인 농지(이 경우
세대를 같이하는 세대원이 소유하는 농지는 동일인이 소유하
는 것으로 본다)

▶ 2인 이상이 공유하는 농지의 일부분

▶ 자연재해로 형질이 변경되거나 유휴화되어 농작물의 경
작에 부적합한 농지

▶ '농지법' 제6조의 규정에 따른 주말·체험영농 목적의
취득농지

▶ 한국농어촌공사에서 농지매매사업자금 및 농지구입자
금(농협구입자금 포함)을 지원받아 상환중인 농지

▶ 소유권이외의 권리나 처분의 제한이 있는 농지로서 동
권리 및 처분내용이 당해 농지에 대한 임대수·위탁계
약 및 임대차계약의 이행을 불가능하게 하는 경우(다만,
계약체결시까지 말소 및 해제하는 경우에는 수탁가능)

▶ 지가 급등으로 임대차료가 상승하여 정상적인 영농이
어렵다고 영농규모화사업 업무지침에 따른 '지사심의
회'에서 인정한 농지

▶ 임차인 선정기간 동안 임차인을 선정할 수 없어 수탁이

불가능한 것으로 통보된 농지 중 통보일로부터 6개월이
경과하지 않은 농지(다만, 해당농지에 임차신청자가 있는
경우 수탁가능)

▶ 농지법 제10조의 규정에 따라 시장·군수·구청장이
농지처분의무 부과대상으로 결정한 농지

▶ '국토의계획및이용에관한법률'의 규정에 따라 토지거래
허가를 받은 자가 토지이용의무기간(2년)을 마치지 않
은 농지 등이다.

임대위탁 신청 장소는 한국농어촌공사 본사 및 지역본부,
지사이다.

임대위탁 신청서류는

1) 농지임대위탁신청서

2) 주민등록표등본 또는 신분증사본

3) 등기부등본 또는 인터넷열람용 등기부등본

4) 토지대장등본 또는 인터넷열람용 토지대장등본

5) 토지이용계획확인원 및 인터넷열람용 토지이용계획확
인원(인터넷 열람이 가능한 경우 생략)

* 농지은행사업 신청서식은 농지은행포탈(www.fbo.or.kr)
공지사항에 게재한다.

농지임대위탁계약은

① 임차인의 선정

② 위탁신청자가 공사의 수탁 및 임대조건에 동의 등의 조
  건이 모두 충족되었을 때 체결된다.

계약기간은 5년 이상이고 최초의 계약기간 만료 후 동일 임차인과 재계약하는 경우 3년 이상으로 한다.

위탁농지는 임대수·위탁계약체결과 동시에 공사에 인도한다.

농지임대위탁시 한국농어촌공사에서 받는 수수료는 다음의 건당 수탁규모별 수수료율을 해당 농지 연간임대차료에 적용하여 매년 부과한다.

'수탁수수료의 기준 건당 수탁규모 수수료율'

▶ 5,000㎡ 미만 12%

▶ 5,000㎡~10,000㎡ 미만 11%

▶ 10,000㎡~20,000㎡ 미만 10%

▶ 20,000㎡~30,000㎡ 미만 9%

▶ 30,000㎡ 이상 8% 이다.

위탁농지는 농지임대위탁 신청접수일로부터 5일 이내에 농지의 표시, 농지조건, 임대기간 등을 공고하고 임차신청을 접수받아 신청접수일로부터 60일 이내(공휴일 포함)에 임차인을 선정하고, 기타 농지의 경우에는 위탁신청자와 협의하여 지정한다.

※ 임차인선정 우선순위

① '2030세대지원계획'대상자, 전업농 또는 전업농육성대상자, 농업법인, 영농정책자금을 지원받은 후계농업경영인, 4대강하천부지경작자(4대강 살리기 사업으로 경작하던 하천부지 농지를 경작하지 못하게 된 농업인임을 증명하는 서류지참자에 한함), 귀농인(계약체결 이전까지 농지 소재지 시·군·구로 전입신고 완료자에 한함).

다만, 위탁신청 농지를 임차 중에 있는 농업인이 다음에 해당되는 경우에는 임차인 선정순위를 1순위로 조정 가능

- 친환경인증 농산물을 생산하는 경우
- 시설원예 및 다년생식물을 재배하는 경우
- 임차인이 자기비용으로 농로 및 용·배수로 등 기반정비 등을 실시한 경우이다.

② 위탁신청 당시의 임차영농인, 기타 당해 농지를 자기의 농업경영에 이용하고자 하는 자 등이다.

임대차료는 공사에서 당해 농지에 대해 조사한 임대차료 수준과 임대차료 동향 등을 고려, 임차인과 협의하여 현금으로 환산 결정한다.

또한 공사는 임차인으로부터 매년 납부 약정일에 임대차료를 수납하고, 공사는 임차인으로부터 수납한 연간 임대차료에서 수탁수수료를 공제하고 잔액을 위탁자에게 지급 약정일에 계좌 입금한다. 만약, 임차인이 지급 약정일까지 임차료를 납부하지 아니할 경우에는 공사에서 위탁자에게 대위 지급한다.

그리고 위탁자의 귀책사유 또는 일방적인 계약해지로 공사와 임차인간의 임대차계약이 해지되게 한 경우 및 임차인의 귀책사유 또는 일방적인 계약해지로 공사와 위탁자간의 임대수·위탁계약이 해지되게 한 경우 공사는 위탁자 또는 임차인으로부터 계약 잔여기간 동안의 총 임대차료의 20% 상당액을 위약금으로 징수하여 위탁자로부터 징수한 위약금은 임차인에게, 임차인으로부터 징수한 위약금은 위탁자에게 지급한다. 다만, 위탁자가 당해 위탁농지를 현 임차인에게 매도할 경우에는 위약금을 부과하지 않는다.

　이렇게 농지은행에 8년 이상 임대 위탁한 농지는 사업용 토지로 인정되어 일반과세(6~38%)대상자로 세율이 적용되어 절세효과도 얻을 수 있다.

　소득세법상 사업용 토지는 양도소득세가 일반과세(6~38%, 2013년 현재)되고, 장기보유특별공제 혜택도 받을 수 있다. 하지만 재촌·자경하지 않은 농지에 대해서는 이런 혜택이 주어지지 않는다. 여기서 재촌이란 농지소재지와 동일한 시·군·구(자치구) 내의 지역 및 이와 연접한 시·군·구내의 지역, 그리고 농지로부터 직선거리 20km 이내의 지역에 주민등록이 되어 있고 실제 거주하고 있는 것을 말하고, 자경이란 농업인이 그 소유 농지에서 농작물의 경작 또는 다년생식물의 재배에 상시 종사하거나 농작업의 2분의 1이상을 자기의 노동력으로 경작 또는 재배하는 것을 말한다.

　유의할 점은 농지원부를 만드는 것은 자경의 입증방법 중 하나이고 농지원부 자체가 직접적으로 자경을 증명하는 것은 아니다. 경작사실을 입증하는 방법은 농업경영체등록, 농협조합원등록, 농작물출하명세서, 비료·농기계 등 구입 후 농협영수증발급 등으로 증명하면 된다.

* 참고

8년 이상 재촌·자경한 농지를 양도할 경우 내야 하는 양도소득세는

- 1년까지는 양도소득세액 2억까지 감면

- 5년까지는 양도소득세액 3억까지 감면 받을 수 있다.

6. 귀농 후 정착하기

　귀농하기까지는 순조롭게 일이 잘 풀려 진행되었다하더라도 이후 정착과정에서 문제가 발생해 역으로 유턴하는 귀농인도 상당수 존재한다. 도시생활습관과 오랜 직장생활 속에서 형성되어있던 매너리즘에서 빠져나오지 못한 채 귀농귀촌하여 농촌생활을 제대로 이해하지 못하고 지역주민들과의 화합도 이뤄내지 못한 상태에서의 귀농귀촌생활은 차라리 귀농귀촌을 하지 않으니만 못한 경우도 일어날 수 있음을 간과해서는 안 된다. 농촌은 엄연히 그들 나름대로 살아온 생활관습이 존재한다. 그 생활관습이 도시생활과 많이 다르다고 해서 이를 무시하고 정착할 수 있다고 생각하는 것은 대단한 착각이다.

요즘 농촌은 젊은이들은 거의 도시로 빠져나가고 대부분 노인들만 남아서 고향을 지키고 있는 것이 현실이다. 5~60대가 젊은 축에 속하고 70대 80대 노인들이 주류를 이루고 있다. 이런 현실을 직시하고 마을사람이 되고자 한다면 마을 분들과의 육체적 · 정신적 교감이 절실하다. 나도 마을주민 중 한사람이라는 공동체적의식을 갖고 이 분들을 대하여야 한다. 이런 분들을 만나 이야기를 들어보면 젊은이들과의 대화를 절실히 바라고 있음을 금세 느낄 수 있다. 이웃 간에 이해타산 없이 지낼 수 있기 때문에 진정한 마음으로 다가서고 대하다 보면 금세 허물없이 지낼 수 있다. 시골 분들은 아직도 유교적 사고에 익숙해져 있는 만큼 인사 잘하고, 자주 이웃집으로 방문해 도와드릴 일 없는지 물어보는 등 정감 있게 안부 챙겨드리고, 마을 대소사는 물론 사소한 일에도 관심을 갖고 동참하도록 해야 한다. 또한 마을 구성원 대부분이 노인분들이기 때문에 전기기구 등 사소한 고장이 있더라도 자식들이 내려오기 전까지는 손도 못보고 지내시는 분들도 많이 있기 때문에 도와드릴 일이 없는지 수시로 물어보고 고쳐드리고 손봐드리면 금세 친해질 수 있어 마을사람 일원으로 살아가는데 큰 도움을 받을 수 있다. 알고 나면 아주 소박한 분들이기 때문에 작은 것이라도 갖다 드리고 챙겨드리면 그 이상의 것으로 보답을 해 주신다. 시골 분들은 도시에서 내려온 젊은 사람이 어떻게 사는지 매우 궁금해 하시기 때문에 가끔 집으로 초대해 커피한잔, 빵 한 조각이라도 대접해 드리면 무척 고마워 하신다. 이렇게 세월이 흐르면서 서서히 그 분들 속으로 스며들게 되면서 비로소 진정한 마을주민으로 재탄생하게 되는 것이다.

시골생활에 서툴고 농사일에 서투른 귀농인들은 비록 연세가 많으시어 농사일을 놓으신 어르신이라도 그 분들에게서 배울 것이 한두가지가 아님을 유념해야 한다. 농사일에 관한 한 그 분들은 프로중의 프로이신 분들이기 때문이다.

여기서 귀농인들이 아주 유념해야 할 일이 있다. 아무리 세월이 흘러 동네주민이 되었다하더라도 그 분들 마음속 깊은 곳에는 그래도 당신은 이방인이라는 생각이 숨겨져 있음을 간과해서는 안 된다. 10년, 20년이 흘렀다 하더라도 한순간 삐끗하면 만사 사상누각이 될 수도 있음을 늘 명심해야 함은 이미 오래전에 귀농하신 분들의 귀중한 경험담이다. 내 고향 마을에도 귀농하신 분이 계시는데 몇 년의 세월이 흘렀음에도 어머니를 비롯해 마을 분들이 아직 그 분을 외지인으로

대하고 있는 것을 보면 귀농해 정착한다는 것이 생각보다 단
순치 않다는 것을 느끼곤 한다. 하지만 세상만사 모든 일은
내가 하기 나름이라는 단순한 삶의 이치를 늘 잊지 않고 사
노라면 귀농해 정착해 산다는 것이 그리 어려운 일만은 아닐
것이다.

7. 멘토 만들기

오랜 기간 귀농 준비 끝에 귀농작물을 선택해 농사법도 배우고, 귀농지에 주택과 농지를 마련한 후 이사를 하고 주민등록이전까지 끝냈을 경우 혼자 힘만으로 농사를 짓는 게 가능할까. 결론부터 말하자면 불가능하다는 게 옳은 답일 것이다. 왜냐하면 농사법을 배웠다 하더라도 막상 자신의 농지에서 자신의 손으로 파종을 하고, 농약을 치고, 거름을 내고 하는 등의 일련의 농사과정을 매끄럽게 해낸다는 것이 농사초보의 입장에서는 농사짓는 과정 하나하나가 모두 쉽지 않은 일로 다가올 것이다. 농사일을 70여년 해 오신 제 어머니께서도 수년 전 실수를 하신 적이 있으니 농사초보야 어떻겠는가.

농작물 중 그래도 손이 제일 덜 가고, 농약을 치지 않아도 되는 작물중 하나가 고구마이다. 심어놓고 거의 손대지 않고 수확을 할 수 있는 농작물이기 때문이다. 어느 해인가 고향 마을을 드나들며 농산물 수집을 하는 수집상이 우리 집 고구마가 맛이 있다고 소문이 났으니 올해 한 번 제대로 심어보는 것이 어떻겠는가 하는 요청이 들어와 천여 평 되는 밭에 고구마를 심으신 적이 있다. 어머니께서는 수 십 년간 한해도 거르지 않고 고구마를 심어오셨지만 팔기 위해 대규모로 고구마를 심는 것은 처음이었기 때문에 농사꾼 체면상 좀 더 농사를 잘 지으셔야 되겠다는 자존심이 발동하셨고, 경험상 타 농작물처럼 거름을 충분히 해야만 수확이 많을 것으로 판단 닭 농장에서 계분을 가져다 밭에 넉넉히 뿌리고 고구마를 심으셨다. 그런데 이게 웬일? 가을 수확기에 수확을 해보니 고구마에 잔뿌리들이 길게 나 있고, 생김새도 아주 울퉁불퉁하니 못생겼고, 크기도 들죽날죽한데다 가장 중요한 맛마저 전혀 뒷받침해 주지 못하는 최악의 결과가 발생해 팔아먹지도 못하고 그대로 버렸던 적이 있다. 이후 고구마 전문 농사꾼에게 이유를 물으니 대답은 간단했다. 고구마는 밭이 적당히 메말라야 크기도 적당하고 맛도 좋다는 것이다. 따라서 거름을 주지 말고 오히려 반대로 풀이 자라도록 내버려 둬

풀이 적당히 거름기를 빨아먹도록 한 다음 고구마를 심는 것
이 정답이었던 것이다.

　이렇듯 농사일을 70여년간 해 오신 분께서도 실수를 하시
는 것이 농사일이라면 갓 귀농한 농사초보가 혼자서 농사짓
는다는 것이 더욱 간단치 않을 것은 분명하다. 때문에 귀농
을 해 먼저 해야 할 일은 가장 가까운 이웃이나 동네에서 영
향력이 있는 마을 이장 같은 분을 찾아 그 분과 제일 먼저 소
통을 하는 것이다. 그런 다음 그분한테서 마을주민 모두를
소개받고, 이후 그 분들 중에서 가장 자신과 호흡이 잘 맞을
것 같고 능력 있어 보이는 분을 찾아 멘토로 모시고 문제 있
을 때마다 늘 부담 없이 물어보고, 상의하며, 답을 구할 수 있
게끔 만들어야 한다. 물론 멘토가 돼준 분에게는 수시로 마
음에서 우러나는 예우를 해 드려야 한다. 멘토는 귀농인 스
스로 인연을 만드는 것이지 멘토가 되어주실 분이 먼저 다가
와서 멘토가 되어주는 것은 결코 아니다. 능력 있는 멘토 한
분의 영향은 그 누구보다도 귀농인에게 아주 큰 힘이 되고
의지가 되어준다. 전혀 예상치 못했던 어려움을 간단히 해결
해 주기도 하고, 새로운 정보도 수시로 전해주고, 작물재배
에 뛰어난 능력 있는 지역주민과의 인연도 맺어준다. 농사일

도 자신이 하기 나름이다.

　이와는 별도로 정부에서 지원하는 '창업농후견인(멘토링)제 사업'이란게 있다. 이 사업은 영농경험이 상대적으로 부족한 창업농에 대한 영농시 문제해결 지원으로 안정적인 영농 정착과 경영혁신 유도로 농업부분의 신규인력 유입을 촉진시키고자 하는 사업이다. 창업농업인을 돕는 멘토에 대해서는 소요비용 및 서비스 대가로 창업농 1인당 월 50만원 한도 내에서 지원받는다. 이런 멘토가 필요하다면 시·군농업기술센터에 신청하면 된다.

8. 농사도 과학이다.

    근래 들어와 농사형태는 기존의 노지재배농법에서 하우스재배나 유리온실재배, 수경재배는 물론 저수고재배, 고설베드양액재배, 수막하우스재배 등과 같이 작업높이나 온도, 수분을 조절하는데 있어 새로운 첨단농법이 속속 개발되고 일반화 되고 있다. 여기에 미국을 비롯한 세계 여러 나라와의 FTA협정이 속속 체결되면서 농업분야도 이제는 본격적으로 글로벌화 되어가고 있다. 과일도 오렌지, 바나나, 포도, 키위 등이 국내산 사과와 배 등에 대한 대체재로서 확실한 자리매김을 하고 있고, 이들 수입농산물이 과일가게를 점령함에 따라 우리 과수농가들의 부담이 가중되고 있다.

이처럼 작물재배방법은 물론 보관방법이나 운송수단이 나날이 진화되고, 각국의 농수산물 비교우위법칙이 냉정하게 적용되면서 우리 농민들에게도 시련과 도전의 기회가 동시에 주어지고 있다. 이러한 상황에서 예비귀농인들이 도시생활에서 터득한 유통노하우와 자본, 기술 등으로 무장한 후 생산과 판매에 첨단 미디어기술을 접목시키는 등의 새로운 패러다임으로 도전한다면 현재 농촌의 선진화와 혁신화를 크게 앞당기는 계기가 마련될 것이다. 이와 아울러 농협이나 농업기술센터, 귀농교육기관, 선배 농업인 등을 통해 새로운 재배기술을 부단히 받아들이고 새로운 정보를 놓치지 않는 농업인이 될 때에만 국제적인 추세에서도 뒤떨어지지 않는 진정으로 성공한 귀농인이 될 수 있을 것이다. 하지만 이것은 이론으로는 가능하지만 실제 농사현장에 대입시켜 성공시키기란 참으로 쉽지 않은 난제이다.

농민들은 농작물을 수확해 출하시킬 때 한 푼이라도 더 받기 위해 수없는 시행착오를 거쳐 새로운 재배기술을 개발하고 도입해 진화해 간다. 하지만 아무리 진화된 과학농법으로 재배한다 하더라도 하늘이 도와주지 않으면 헛농사만 지을 수 있다. 한 겨울철 한파가 계속된다든가 폭설이 자주 내린다면 동해를 방지하기 위해 엄청난 난방비가 소요될 것이고, 하우스가 눈의 무게에 짓눌려 폭삭 주저앉을 수도 있음과 동시에 작물재배에 필요한 최소한의 일조량도 확보하지 못해 작황이 예년에 비해 크게 미치지 못할 수도 있다. 때문에 노련한 농사꾼들은 감각적으로 이러한 예기치 못한 경우의 수까지 헤아려 농사를 짓고 있음은 물론 설령 이러한 큰 손해를 당하더라도 이를 이겨낼 수 있는 강한 내성을 지니고 있음을 초보농사꾼들은 알아야 한다. 어떠한 자연재해를 당하더라도 이를 딛고 일어서는 뒷심이 있다.

농산물의 모양이나 크기, 당도, 향, 색깔 등과 같은 품질에서나 출하시기 등에 있어 경쟁 농산물보다 월등히 앞서는 농산물을 생산하기 위해서는 과학화된 첨단농법이 동원되어야 함은 물론 여기에 한걸음 더 나아가 생산한 농산물을 가공·판매하는 유통 및 마케팅기법을 개발해 좀 더 많은 소득을 창출시킬 수 있도록 지속적으로 연구·개발을 해야 한다. 이것이 앞으로 글로벌시대에 맞서 우리 농촌이 살아나갈 수 있는 유일한 해법이다. 빠르게 과학화되고 있는 농촌에 귀농인들 역시 빠르게 적응하지 못하고, 대처하지 못한다면 귀농생활을 함에 있어 앞날을 헤쳐 나가기 쉽지 않음을 명심해야 한다.

9. 억대농부

농림축산식품부는 2012년도 연간 농업소득 1억원 이상 농업인과 영업이익 2억 원 이상의 농업법인을 지역, 작목, 소득, 연령별로 전수 조사한 결과를 발표하였다.

여기서 연간농업소득이란 농업소득(농업조수입+농업생산관련 소득)-경영비를 말한다.

농림축산식품부 발표 '2012년 소득 1억원 이상 농업경영체 현황조사'에 따르면 2012년도 연간 농업소득 1억원 이상의 농업경영체(농업인+농업법인)는 17,291개(명)으로 지난 2011년도 16,722명보다 3.3% 증가한 것으로 나타났다.

　이 가운데 1억원 이상 소득을 올린 농업인은 2011년 대비 2.8% 증가한 16,401명, 연소득 2억원 이상 영업이익을 낸 농업법인은 16.7% 증가한 890개로 조사되었다. 2009년도부터 4년 연속 증가세를 이어가고 있다.

　연령대별로 살펴보면 50대가 8,638명(50%)으로 가장 많았고, 40대가 3,529명(20%)으로서 이른바 40~50대가 70%를 차지하였다.

　종사 분야별로는 축산 7,035명(41%), 과수 3,020명(17%), 채소 2,747명(16%), 벼 1,896명(11%) 순으로 나타났으며, 채소의 경우 2011년 대비 32%나 증가해 가장 높은 증가율을 보였으며, 축산의 경우엔 10%가 감소하였다.

　지역별로는 경북 6,242명(37%), 전남 2,855명(17%), 경기 2,092명(13%) 순으로 조사되었고, 2011년도 대비 경기도가 281%로 가장 많은 증가를 나타냈다.

　농림축산식품부 발표에 따르면 억대 고소득 농업경영체의 증가 요인으로 생산측면에서 농산물가공·유통시설의 첨단화, 농업생산자간의 조직화를 통한 공동경영, 기술혁신 등을 통한 생산성 향상 및 경영비 절감을 꼽을 수 있고, 수요측면에서 부가가치가 높고 소비자 만족도가 높은 농촌체험 등 생산-가공-관광(서비스)을 연계한 6차산업의 증가를 대표적 원인으로 들고 있다.

농림축산식품부는 우리 농업도 이제는 단순생산을 넘어 가공, 판매, 서비스가 복합된 6차 산업에 이미 진입했다면서 농업의 고소득 창출을 위해 정부의 체계적 맞춤형 지원과 아울러 농업인들의 변화와 혁신, 미래에 대한 창의적 도전이 필요한 시점이라고 말하고 있다.

우리나라 총 인구 중 농가인구가 차지하는 비율은 7%정도이다.

우리나라 억대 부농 평균상을 살펴보면 연령은 54세이고, 농업경력은 26년7개월, 경영구조는 전업농이 65.1%, 경영형태로는 축산업이 41.4%, 경지규모는 3.0ha(≒9,000평) 이상이 40.6%, 가구수로는 전체농가(2010년말 기준 117만7천가구) 대비 2.2%인 26,000가구에 불과하다.

이처럼 농촌에서 억대 부농으로 거듭나기까지는 상당한 시일이 소요되고 있음을 알 수 있다. 또한 억대농가수도 농가 100가구당 겨우 2가구 꼴로서 절대다수의 농가가 생계유지형으로 농사짓고 있음을 알 수 있고, 갈수록 농촌의 빈부격차가 커지고 있으며, 65세 이상의 농촌인구 고령화 현상은 해를 거듭할수록 심화되고 있어 이에 대한 해결책마련이 시급하다.

귀농할 경우 도시에서와 같이 벼락부자 되려 한다면 이는 아주 큰 오산이자 시행착오가 될 것이다. 정착해서 성공하기까지 최대한 노력은 하되 서두르지 말고, 욕심을 최대한 자제할 줄 아는 지혜가 필요하다. 그래야만 성공적인 귀농이 될 수 있다. 욕심껏 채우려만 하지 말고 비울수록 넓어지고 커진다는 진리를 깨달아야 한다. 땅은 노력한 만큼만 되돌려준다. 억대 농부가 되는 것도 중요하고 또 그렇게 되도록 노력해야겠지만 아울러 땅을 통해 진실한 삶의 가치와 행복을 얻을 수 있도록 노력해야 함도 잊지 말아야 한다.

10. 영농일지는 농사기술의 최고 노하우!

귀농해 처음 접해 보는 농사일은 참으로 쉽지 않다. 귀농 전 귀농학교에서 배운다고 배웠는데 막상 농사현장에서 실전하려니 처음부터 끝까지 막막하기만 하다. 그러니 옆집으로 이웃집으로 달려갈 수밖에 더 있나. 세상사 모든 일 알고 나면 별거 아니었는데 그걸 가지고 그렇게 동동걸음 했는지 헛웃음만 나온다. 경험이 스승이란 말 하나도 헛되지 않은 말이다. 미래는 과거의 거울이다. 과거의 경험이 차곡차곡 쌓여 현재가 되고 미래가 되는 것이고, 과거의 경험이 기술로 축적되는 것이다.

농사는 타이밍의 예술이다. 이 타이밍을 기막히게 맞추는 것이 바로 농사경험이고 더 나아가 영농일지에 기록된 자료인 것이다. 신기술이란 느닷없이 하늘에서 떨어지는 기술이 아니고, 특별한 사람만이 해낼 수 있는 기술 또한 아니다. 농업인이라면 누구나 신기술을 개발할 수 있는 여력을 갖고 있다. 자신이 그간 쌓아온 경험을 토대로 데이터화 시키면 그것이 곧 기술노하우로 업그레이드되는 것이다.

때문에 영농일지는 농사꾼이라면 농사꾼의 보물1호로서 반드시 써야할 자신만의 농사역사기록서이다. 영농일지에는 어떤 일을 어떻게 했는지의 농사방법, 앞으로 해야 할 일은 무엇인지, 어떤 시행착오가 있었는지, 영농자재구입내용 및 구입비용 등을 기록해야 한다. 이렇게 기록된 영농일지는 농사꾼에게 있어서 요술방망이 같은 존재로 부농으로 이끌어주는 아주 중요한 단초가 될 것이다. 영농일지는 작성하는 사람마다 약간 차이가 있을 수 있다. 특별히 정해진 서식이 없기 때문에 자신이 편리한 대로 작성하면 된다. 그러나 영농일지를 쓰는데 있어 들어가야 할 요소들을 빼먹지 말고 기록해야 한다.

영농일지에 반드시 들어가야 할 요소들을 살펴보면

① 년, 월, 일, 요일

② 날씨(맑음, 흐림, 구름, 비, 바람, 소나기, 눈 등)

③ 온도(하루를 3등분해 기록하면 좋음, 최저기온, 최고기온)

④ 강수량

⑤ 작목

⑥ 재배면적(㎡)

⑦ 작업인원 및 인건비

⑧ 작업시간(오전(오후)00시~00시까지 총 0시간 0분)

⑨ 제초

⑩ 방제(방제필지, 방제미생물제재(또는 방제약품) 및 희석농
   도 등을 세세히 기록)

⑪ 작물의 생태

⑫ 병충해 발생현황

⑬ 영농기술 적용사례 등이 포함된 재배작물과 관련한 일
   련의 농사과정을 아주 세세히 기술해 놓아야 제대로 작
   성된 영농일지가 될 수 있다.

영농일지는 종합적으로 하나로 구성해 기록할 수 있고, 작
목마다 구분해 나눠 기록할 수도 있다. 또한 기록과 병행하

여 사진이나 그림으로 기록해도 좋은 방법이 될 것이다. 추천하고 싶은 영농일지는 굵직한 항목들을 표시해놓은 한 장으로 된 연중영농계획표를 만들고, 이를 바탕으로 좀 더 세밀한 한 장으로 된 월간영농계획표를 만들고, 다시 이를 기본으로 영농일지를 아주 자세히 기록하면 최상의 영농일지가 만들어 질 수 있다. 영농일지도 종합적인 영농일지와 작목별 일지 및 농산물출하일지를 별도로 만들어 두면 더욱 체계적이고 훗날 찾아보기 쉬운 영농일지가 될 수 있을 것이다. 연중영농계획표와 월간영농계획표는 몇 장 복사해 늘 눈에 띌 수 있는 거실이나 부엌, 특히 화장실에 붙여놓으면 계획을 잊는 일 없이 차질 없이 이행할 수 있기 때문에 참고로 할 만 하다.

문제는 하루 넉넉히 20분만 투자하면 훌륭한 영농일지가 만들어질 수 있는데 이 투자가 가능할 것인가이다.

아래 영농일지는 저자가 쓰고 있는 한 장에 같은 날의 3년간의 기록을 한 눈에 볼 수 있도록 만든 영농일지이다.

○○영농일지(월   일)

〈2013년도   요일, 음력   월   일〉

날씨: □맑음 □흐림 □비 □소나기 □구름조금 □구름많음 □눈 □기타( )			
최저기온: ℃ / 최고기온 ℃	강수량 mm (적설량 cm)		
필지:	재배면적 m²(평)		
작업인원(명) (1인당 인건비: 원)	작업시간 오전(오후) ~ 까지( )시간		
작목	(품종:)		
영농작업 내용			

〈2014년도   요일, 음력   월   일〉

날씨: □맑음 □흐림 □비 □소나기 □구름조금 □구름많음 □눈 □기타( )			
최저기온: ℃ / 최고기온 ℃	강수량 mm (적설량 cm)		
필지:	재배면적 m²(평)		
작업인원(명) (1인당 인건비: 원)	작업시간 오전(오후) ~ 까지( )시간		
작목	(품종:)		
영농작업 내용			

〈2015년도   요일, 음력   월   일〉

날씨: □맑음 □흐림 □비 □소나기 □구름조금 □구름많음 □눈 □기타( )			
최저기온: ℃ / 최고기온 ℃	강수량 mm (적설량 cm)		
필지:	재배면적 m²(평)		
작업인원(명) (1인당 인건비: 원)	작업시간 오전(오후) ~ 까지( )시간		
작목	(품종:)		
영농작업 내용			

11. 귀농 현장에서 바라본 성공과 실패

　2000년대 들어 불어온 귀농바람을 타고 귀농대열에 합류해 귀농한 사람들의 근황은 어떨까? 귀농한 모든 분들이 자신이 선택한 새로운 삶이 올바른 결정이었다는 것을 입증 할 수 있도록 귀농에 성공하길 간절히 바라지만 현실은 그렇지 못해 안타깝다. 많은 분들이 성공적인 귀농을 이루기 위해 열심히 노력하고 있지만 다른 한편에서는 왔던 그 자리로 되돌아가기 위해 쓸쓸히 짐 쌀 준비를 하고 있는 분들 또한 적잖이 있음도 알아야 한다. 똑 같은 상황에서 왜 이런 정 반대되는 현상이 일어나고 있는 것일까.

　시골에 둥지를 틀고 농사짓고 산다는 것은 별장이나 세컨

드하우스를 이용하는 전원이라는 단어가 어울리는 삶과는 전혀 다른 별개의 삶이기 때문에 혼동하지 말아야 한다. 물론 농촌에서의 삶의 형태라 해서 오로지 농사일만 있는 것은 아니다. 농공단지가 조성된 곳은 물론 공장이 들어설 만한 곳은 특별히 지자체에서 규제하고 있는 분야를 제외하고는 어떤 업종의 공장도 들어설 수 있기 때문에 농촌 곳곳에 공장이 들어서 있는 것을 쉽게 볼 수 있고 여기서 일하는 근로자들도 상당수에 달한다. 하지만 특별한 기술이나 사업기반이 없는 대부분의 귀농인들에 있어서는 근로자로 취업하는 것 외에는 접근할 수 없는 분야이다 보니 자연히 농사일 쪽으로 무게중심이 쏠릴 수밖에 없는 것이 현실이다. 때문에 특별한 기술이나 사업기반이 없다면 귀농하면 어떠한 농사를 짓든 농사일을 해야 한다.

하지만 농사일도 다른 분야와 마찬가지로 적성이 맞아야 한다. 기계화되면서 많은 부분의 어려운 일을 트랙터나 콤바인 같은 농기계를 이용한다지만 실상 이러한 농기계를 이용할 수 있는 것도 적정규모 이상의 농지를 소유하고 있는 경우에만 가능한 것이고, 소규모 농사를 짓는 대부분의 현지 농민이나 귀농인의 경우 몸으로 때우는 힘든 농사과정을 거

쳐야 한다. 또한 햇볕이나 벌레와의 전쟁을 치뤄야 하는 등
의 농촌생활을 실상을 알고 이를 극복해낼 수 있는 내성도
길러야 한다. 물론 의지로서 견뎌낼 수도 있겠지만 이것도
한계가 있을 수 있기 때문에 정말로 모든 농촌생활을 이해하
고 극복해 낼 수 있을지에 자문하고 또 자문해 귀농을 결정
해야 한다. 서두를 하등의 이유는 없다.

그러나 귀농지나 작물 선택을 위해 전국의 지자체를 돌아
다니면서 머뭇거리다 보면 세월만 보내고 결국은 제자리에
서 다시 시작해야 하는 상황이 계속될 수 있다. 간혹 이 같은
상황을 거론하며 결정을 재촉하는 분들도 있지만 결정에 대
한 책임은 온전히 귀농자 자신이 져야 한다는 엄중한 현실
앞에서 분위기에 밀려 마지못해하는 귀농행이 되어서는 결
코 안 되고, 자신의 의지와 계획에 의해서만 행동으로 이어
져야 한다.

또한 귀농했다고 해도 갓 귀농한 농사초보 입장에서 이들
이 원한다고해서 영농작목반과 같은 공동체에 쉽사리 가입
할 수 있는 것도 아니기 때문에 농기계임대나 농작물판로 등
에 있어 원주민들과 같기를 기대해서도 안 된다. 차츰 세월

이 흐르면서 자연스럽게 이들 공동체 속으로 녹아들면서 하나가 될 수 있는 것이므로 조급해 할 필요가 없다. 문제는 시기를 얼마만큼 앞당길 수 있는가 하는가에 있는데 이 역시 귀농인이 어떻게 하느냐에 전적으로 달려있다.

현장에서 바라본 귀농에 성공한 분들 및 성공을 향해 순항하고 있는 분들의 행태를 살펴보기로 하자.

〈사전 귀농준비 및 귀농 후 행태〉
① 귀농교육 및 주말체험영농 등 귀농 전 귀농 예행연습을 충분히 하였다.
② 부부간 및 가족의 동의는 물론 충분한 협조까지 받고 있다.
③ 귀농 후 무리 없이 농촌적응도를 높이고자 노력하고 있으며, 재배경험을 쌓기 위해 농지를 임차하여 3년 정도 작물재배를 하였고, 집은 임차하거나 컨테이너하우스 등과 같은 임시거처를 이용하였다.
④ 집은 되도록 작게 짓고, 농지는 내 힘 안에서 경작할 수 있을 만큼만 순차적으로 구입하였다.

〈농촌에 대한 이해도 및 농사일에 대한 적성여부〉
① 농촌의 모든 것을 이해하고, 좋아하며, 어려운 점을 극
   복해 낼 수 있는 가치관을 갖고 있다.
② 햇볕에 그을리고 육체적으로 힘든 농사일이 싫지 않다.
③ 부지런하다.
④ 실패를 시련이라 생각하고 도전할 수 있는 용기와 배짱
   이 있다.

〈마을사람 일원이 되기〉
① 마을과 너무 동떨어진 곳에 정착하지 않았다.
② 귀농인이라는 이방인으로서의 자신의 위치를 정확히 알
   고 마을사람들에게 먼저 다가가 유대관계를 돈독히 하
   고 있다.
③ 자신의 사회적경험이나 지식을 마을 분들과 공유하기
   위해 노력하고 있다.
④ 마을 대소사에 빠지지 않고 참여하고 있다.
⑤ 마을사람들이 방문하면 커피라도 꼭 대접하고 있다.
⑥ 마을 노인분들만 계시는 집에 수시로 방문해 도와줄 일
   이 없는지 확인한다.
⑦ 절대로 잘난 척, 아는 척, 있는 척 하지 않는다.

⑧ 인사를 열심히 하고 다닌다.

⑨ 귀농마을에서의 정착은 한 번의 실수로 그간의 신뢰가 모래성이 될 수도 있다는 사실을 늘 염두에 두고 있다.

〈작물재배〉

① 주위 모든 분들을 스승으로 생각하고 겸손한 마음으로 늘 배우고자 노력하고 있다.

② 수익성이 담보될 때까지 최소한의 여유자금을 확보하고 있거나, 제2의 수익원을 찾아 경제적 해결을 하였다.

③ 몇 가지 작물에 선택과 집중을 하고 있다.

④ 좋은 멘토를 만들려 노력했고 운좋게 만났다.

⑤ 지자체나 농업기술센터 담당자는 물론 작목반원들과도 늘 소통하고 있다.

⑥ 수익성위주의 농사보다 늘 생각하고 연구해 최고의 농산물을 생산하고자 노력하고 있다.

⑦ 해마다 뒤바뀌는 농작물 수익성 순위에 연연하지 않는다.

⑧ 영농일지를 하루도 거르지 않고 기록하고 있다.

⑨ 영농기술을 업그레이드하기 위해 영농기술교육에 빠지지 않고 참여하고 있다.

⑩ 농산물 생산(1차)에 그치지 않고 이를 가공(2차) 및 체험·외식산업(3차)까지 아우르는 농업의 6차산업화를 통한 소득증대에 초점을 맞추고 있다.

다음으로 귀농에 실패해 역귀농하고 있는 분들의 실패 이유를 알아보면, 위 성공이유와 정반대이유가 될 것이지만 대체적으로 아래와 같은 이유를 들고 있다.

① 소득부족으로 인한 경제적 어려움
② 영농기반의 열악함
③ 농업 외 소득창출을 위한 일자리 부족
④ 귀농 전 사전교육의 부족
⑤ 주택마련의 어려움
⑥ 마을분들과의 적응과정 실패
⑦ 농촌생활에의 적응실패
⑧ 열악한 교육·문화·의료 환경에 대한 회의
⑨ 작물재배의 실패로 인한 재기의지 실종
⑩ 가족의 지속적인 반대
⑪ 자기능력의 범위를 벗어난 과투자
⑫ 빚을 내어 귀농한 경우 등이다.

그간 귀농하기 위해 귀농교육에 상당한 비용과 시간을 투자하였고, 정착할 곳과 재배작물을 물색하고자 전국각지의 지자체를 돌아다니며 소비한 시간과 비용 역시 적잖이 지불되었으며, 수많은 시간을 고민하며 결단을 내렸던 새로운 삶의 시작이었음에도 불구하고 링에 올라 보지도 못하고 상당한 손실을 감수하고 떠나고자 했던 그 삶으로 다시 되돌아간다는 현실이 얼마나 마음 아프고 답답하겠는가.

앞으로 귀농하고자 하는 수많은 예비귀농인들은 이를 타산지석으로 삼아 절대로 역귀농하는 결과를 초래하지 않도록 최선을 다해 준비하고 공부해야 하며 자신이 농사를 지을 수 있는 최소한의 적성이라도 갖추고 있는지 철저히 분석하고 판단해 결정해야 한다.

이제 잠에서 깨어나기 시작한 우리 농촌은 생각하기에 따라 친환경녹색산업등과 같은 무한한 성장가능성을 제시하고 있는 블루오션시장이다. 새로운 삶을 시작하고자 어렵고 힘든 결단을 내린 귀농인 만큼 안정적인 제2의 삶을 살기 위해 최선을 다해 노력하고 적응해야 한다.

12. 역귀농하는 사람들

  2001년도 880가구였던 귀농가구가 2010년도 4,067가구에서 2011년도 10,503가구로 1만가구를 넘어서고, 2012년도에는 11,220가구(귀촌15,788가구)로 귀농인 숫자가 급격히 늘어나고 있다. 이들 대부분은 상당히 많은 재산을 귀농에 투자하면서 귀농인으로서 첫 발걸음을 떼려 하고 있다. 수많은 귀농인 중 성공한 귀농인도 있고 성공으로 가는 길목에서 열심히 노력하고 있는 귀농인들도 상당수 있다. 하지만 이같은 귀농인들의 그늘에는 알토란같은 귀농자금을 모두 날리고 빈털터리가 되어 떠나고자 했던 도시로 다시 되돌아오는 역귀농하는 사람들 역시 상당수 있어 많은 이들의 안타까움을 자아내고 있다. 일반적으로 귀농가구의 소득이 일반농가소득의 57% 수준에 불과한 형편에서 농촌빈곤층으로 추락할 가능성이 큰 부담을 안고 결정한 귀농에 정착하지 못하고 역귀농하는 사람들은 다시 도시 빈곤층으로 전락할 가능성이 매우 크기 때문에 이에 대한 정부의 대책마련이 시급하다. 또 하나 생각해봐야 할 점은 정부나 지자체 또는 일부 귀농단체들까지 역귀농에 대한 실체를 제대로 파악하지 못하고 축소하려하고 있다는 인상을 심어주고 있는데 대한 우려다. 역귀농에 대한 실체를 정확히 파악해 이를 줄이려는 대책마련이 시급한 상황에서 역귀농에 대한 사회적파장만을 우려해 이를 축소하려 한다든지, 마치 역귀농하는 사람들 자체가 무슨 결격사유라도 있는 것처럼 말하는 것은 문제의 본질을 보지 못함으로써 결과적으로 역귀농자수만 늘리는 사회적 손실이 매우 큰 우를 범할 가능성이 크다.

역귀농하는 이유를 살펴보면 농사일의 신체적 어려움에 대한 부적응, 안정적인 소득창출에 대한 불안감, 농촌사회 즉 농촌문화에 대한 충분한 이해부족, 도시와 농촌간의 문화적 이질감에 대한 부적응에서 파생되는 원주민과의 문화적 갈등, 귀농에 대한 준비부족, 자신의 사회적 경험이나 지식만 믿고 충분한 준비나 대비 없이 본인이 하면 잘될 것이란 막연한 자신감만으로 귀농하는 등 여러 가지 이유가 존재하고 있겠지만 상당부분 폐쇄적인 농촌문화의 특성을 이해하지 못하는데서 발생하는 사소한 문제가 단초가 되어 결국에는 역귀농까지 선택해야 하는 최악의 결말로 귀결되어지는 전혀 예측치 못한 뜻밖의 불예측성 농촌사회와의 문화적 갈등도 한몫 하고 있음을 유의해야 한다. 생각해보면 그 모습만 다를 뿐 인간이 공동체 삶을 유지하는 곳은 어디든 불예측성이 존재하기 때문에 새로운 조직문화에 동화하기 위해서는 새로운 이웃과의 소통이 중요함을 잊지 말아야 한다.

역귀농한 분의 실 사례를 들어 살펴보고자 한다. 여기서 실제 지명을 밝히지 않은 이유는 하나의 사례임에도 불구하고 해당 지역에 대한 좋지 않은 선입견을 줄 수 있고, 본의 아니게 지역 주민을 매도할 우려가 있다는 판단에서다. 특히 이 사례로 모든 농촌주민들이 같을 거라는 오해는 아주 잘못된 편견임을 주지하시기 바란다. 아직도 농촌은 우리 모두의 마음의 고향으로 자리하고 있고, 도시생활에 지치고 피곤한 정신과 육체를 보듬고 품어주기에 부족함이 없는 영원한 고향이기 때문이다.

　　5년 전 중견기업간부로 명예퇴직을 한 K씨, K씨도 다른 귀농자들과 마찬가지로 퇴직전후에 걸쳐 3년여 이상을 각종 귀농교육은 물론 텃밭농사까지 지으며 귀농준비에 최선을 다했다. 고향이 도시였던 K씨는 직장 동료였던 분의 소개로 그분의 고향과 가까운 인근마을로 귀농을 하게 되었다. 마을인근에 임야 5천평을 구입해 조그마한 집도 짓고, 1천평 정도 밭을 일궈 500평에 오이 시설재배를 시작 하였다. 마을로 귀농하면서 마을 분들에게 신고식으로 돼지 한 마리도 잡고 음식도 푸짐히 마련해 대접을 잘 했다. 성격도 모난 성격이 아니라서 마을분들과도 이내 스스럼없이 지내는 사이로 발전했고 농사지으면서 각종 도움도 많이 받았다. 때문에 K씨를 아는 사람은 누구나 귀농에 성공적으로 연착륙 할 수 있을 것으로 생각했다. 그런 K씨가 귀농 3년 만에 역귀농을 선언하고 도시로 되돌아왔다. 친인척은 물론 지인들까지도 전혀 예상치 못했던 일이었기에 갑자기 머리가 복잡해지는 그런 상황이 발생한 것이다. 왜 그랬을까? 어느 귀농인 못지않게 농촌에 잘 적응하며 농사일에 충실했던 그가 왜 유턴을 했을까? 투자내역을 살펴보면 임야 5천여평(평/13만원)을 6억5천만원에 마련했고, 집짓는데 들어간 비용 1억6천만원을 합해 총 8억1천만원을 투자했으니 상당히 많은 금액을 귀농비용으로 투자한 셈이다. 여기에다 오이 시설재배 하는데 투자된 시설금액 1억3천만원정도와 이사비용, 그간 투자된 교육비, 교통비 등 기타금액까지 합하면 10억 가까이 투자되었음에도 왜 역귀농을 택했을까. 차라리 10억을 은행에 묻어놓고 이자만 받아도 속 편히 생활할 수 있었을 터인데 굳이 귀농을 택할 필요가 있었을까? 하지만 삶이란 각기 개개인마다 갖고 있는 인생관이나 가치관이 다르기 때문에 어떤 결과만 갖고 사람을 평가할 수는 없다. K씨의 경우도 젊었을 때부터 시골에서 조그만 농장일구고 말년을 보내는 것이 꿈이었기 때문에 굳이 귀농을 택하게 된 것이었고, 귀농 후 순조롭게 적응해가고 있는 도중에 갑자기 역귀농을 하게 됨에 따라 이유가 더욱 궁금해진 것이다. K씨의 이야기를 들어보면 헛웃음이 나올 정도로 별것 아닌 일로 역귀농을 결심하게 되었고 대인관계가 얼마나 쉽지 않은 일인지를 보여주는 사례가 아닌가 싶다. 귀농 후 자리 잡으면 사회생활을 하고 있는 자식들(아들, 딸 각1명)은 예외로 하고 부인과 합류하기로 약속하고 귀농한 K씨는 마을주민의 일원이 되기 위해 적지 않은 나이임에도 불구하고 열심히 인사하고 마을일에도 열성적으로 참가해 주민들도 차츰 마음을 열어주는 것 같아 한층 마음이 편해졌다. 이렇듯 정착이 순조롭게 진행됨에 따라 오이농사에만 매달릴 수 있게 되었다. 그렇게 지내오던 중 인근 도시에서 직장생활 하고 있는 마을이장의 큰아들 결혼식 청첩장을 받았다. 참석하는 것이 당연한 일이라 생각했던 K씨는 친구에게서 또 하나의 청첩장을 받게 되었는데 공교롭게도 같은 날, 시간도 비슷한 시간대에 하나는 서울에서, 다른 한명은 지방도시에서의 청첩장을 받아든 K씨는 고민 끝에 마을이장에게 양해를 구하고 축의금만 전달해주는 선에서 참석에 대신하고 친구자식 결혼식에 참석하였다. 이 후 시간이 흐르면서 K씨는 이장은 물론 마을주민들에게서 흐르는 이상한 기류를 느끼게 되었다. 어느 순간인가부터 마을 주민들이 평소와 같이 자신을 대해주지 않고 따돌리고 피하는 듯한 느낌을 받게 되기 시작하였고, 이 같은 느낌은 이웃 주민에게서 사실로 확인되었고, 한순간에 사막에 홀로 선 이방인이 된 자신을 발견하면서 갈등이 시작되었다. 반대로 친구한테 축의금만 전하고 마을이장 자제 결혼식에 참석하는 것이 올바른 수순이었다는 것을 나중에야 알게 된 K씨는 이를 만회하고자 처음보다 더 노력을 기울이며 마을 정착에 노력을 하였지만 변할 줄 모르는 그들의 차가운 시선을 견디지 못하고 다시 도시로 돌아온 것이다.

이는 모든 귀농인들에게 시사하는 바가 크다. 도시에서는 사소한 일로 치부되고 이해 가능한 문제들이 농촌에서는 아주 중요한 일로 다가오는 경우가 허다하다는 점이다. 귀농 후 문제는 큰일에서 시작되는 것이 아니라 아주 사소한 것에서부터 시작되는 것임을 한시라도 잊어서는 안 된다. K씨의 경우에서 보는 바와 같이 챙긴다고 챙겼음에도 불구하고 결과적으로는 챙기지 않은 전혀 예기치 않은 일이 발생하였고 이로 인한 마을분위기의 냉랭함에 견디지 못한 K씨가 결국 마을을 등지는 불행한 사태로 끝을 보게 된 것이다. 이처럼 외지인이 제2의 고향을 삼고자 선택했던 귀농지에서 그 마을사람 일원이 된다는 것이 얼마나 쉽지 않은 일인지, 또한 마을주민 일원이 되었다고 해서 진정으로 마을주민이 되었는지 귀농인이라면 누구나 깊이 생각하고 처신해야 할 과제이다. 농촌도 도시와 마찬가지로 삶의 모습이 간단치 않음을 보여주는 사례이다.

사실 귀농인들을 바라보는 농촌 주민들의 시선은 이들 귀농인들이 무임승차하고 있다는 생각을 많이 갖고 있기 때문에 자칫 사소한 실수하나가 큰 부담으로 다가올 가능성이 크다. 때문에 매사에 조심하고 또한 신중히 처신해야 한다. 어느 시골이건 농촌마을이 오늘에 이르기까지에는 마을 분들의 노력과 토지기부가 중심에 자리 잡고 있다. 사람하나 다닐 정도의 마을길, 논두렁길이 전부였던 농촌마을이 차량과 농기계가 편하게 드나들 수 있는 넓직한 포장도로로 바뀌고 하천도 잘 정비되어 농사짓는데 하등의 불편이 없도록 발전시킨 주역은 바로 농촌마을 분들이라는 사실을 절대로 잊어서는 안 된다. 도로포장이나 다리 등은 정부에서 도움을 주었지만 정부에서 농로부지까지 매입해 도로가 넓혀진 것이 아님을 알아야 한다. 마을 분들이 무상으로 농로 부지를 내놓아 현재의 마을도로가 된 것이고, 주민들이 합심해 정부의 도움을 받아 하천을 정비하고 수로를 놓는 등의 노력을 기울인 결과로서 오늘의 농촌마을이 존재하는 것이기 때문에 그분들 입장에서는 귀농인을 낯선 사람이 어느 날 갑자기 농사 짓겠다고 내려와 차려 놓은 밥상에 달랑 숟가락 하나갖고 대드는 것으로 볼 수도 있음을 절대 잊어서는 안 된다. 때문에 귀농인들은 이러한 사실을 잊지 말고 마을주민들을 대해야만 원만한 정착이 가능해진다. 사람 사는 곳은 언제나, 어느 곳에서나 진심으로 상대방을 배려하고, 고마움을 잊지 않고, 감사하는 마음을 갖고 산다면 상대방으로부터 배려 받고, 감사 받는 삶을 영위할 수 있을 것이라 믿는다.

　이제 정부에서는 담당공무원들조차 형식적인 생색내기 정책에 불과하다고 생각하는 현재의 ‘농업창업자금’이나 ‘주택구입자금’ 등의 정책을 귀농인 현실에 맞게 내실화하고 다양화시켜 귀농인들이 실질적으로 혜택을 받을 수 있는 정책을 새롭게 수립해 실시해야 한다. 다시 말해 중앙정부와 지자체 간의 유기적인 정책공조로 귀농인의 정착과정에서 필연적으로 발생하는 주택구입자금이나 창업자금 및 영농자금부족에서 필요로 하는 대출자금의 대출기준완화와 지원 금액의 확대, 마을주민과의 문화적 마찰에서 파생되어지는 지역주민의 외면으로 인한 정착과정에서의 어려움을 극복하는데 도움을 줄 수 있는 정책 등 실질적이며 실효성이 큰 정책 개발이 아주 절실한 시점이다.

제3장

귀농 전 꼭 알아야 할 것들

1. 귀농 출발점! 유용한 귀농교육정보

■ 귀농귀촌종합센터(www.returnfarm.com)

그간 여러 기관에 분산되어 있는 귀농귀촌관련 업무를 한데 모아 농촌진흥청 '귀농귀촌종합센터'가 2012년 3월 문을 열었다. 여기에서는 정부는 물론 지자체 귀농귀촌 관련 정보와 상담, 귀농관련 온라인교육 및 오프라인 교육관련 기관, 귀농 우수사례 등 다양한 귀농정보를 얻을 수 있다.

■ 시 · 군 농업기술센터

농업기술센터에서는 각 센터마다 약간의 차이는 있지만 귀농귀촌지원센터를 운영하며 귀농관련 각종 정보를 제공해 주고 있고, 새기술보급 시범사업과 현장 영농교육, 농업기술

대학과정을 만들어 학생들을 가르치는 등의 사업을 하고 있다. 특히 귀농인이 초기에 구입하기 어려운 고가의 각종 농기계를 보유하여 이들에게 저렴한 실비로 임대해 주는 농기계 임대사업도 하고 있다.

■ 농어업인력포털(www.agriedu.net)
귀농귀촌에 대한 안내는 물론 현장상담과 맞춤교육을 추천해주며, 농업에 관한 각종자료를 한눈에 볼 수 있다.

■ 옥답에듀 http://edu.okdab.com/
농업경영에 관한 강의, 정보화적용방법, 정보화활용농산물판매방법, 농산물 포장방법, 인터넷마켓활용방법, 홈페이지제작방법 등 유용한 강의가 많이 들어 있다.

■ 농촌진흥청 농촌인적자원개발센터 http://hrd.rda.go.kr
귀농귀촌현장교육, 농업기술실용화교육, 농기계교육 등 분야별 각종 교육프로그램이 마련되어 있다.

■ 웰촌포털(www.welchon.com)
한국농어촌공사에서 운영하고 있는 포털로서 농어촌체험,

귀농, 귀촌, 전원마을, 농어촌주택표준설계도(12평형~60평형까지 총 79가지도면)를 제공하고 있으며 각종 생활정보를 제공하고 있다.

■ (사)전국귀농운동본부(www.refarm.org)

귀농준비에 관한 정보, 귀농 추천도서, 절기 농사달력 등 귀농과 관련된 정보를 다양하게 제공하고 있다.

전국귀농운동본부에서 운영하는 9개월 과정의 '귀농학교'는 매년 3월~11월까지 9개월 과정으로 진행되는 교육과정이며, 3월~5월까지 3개월은 기본과정으로 입학금은 120만 원이며 기타비용은 없고, 귀농귀촌일반, 농촌생활기술, 견학 등의 프로그램으로 진행된다. 6월~11월까지 6개월간은 심화과정으로 기본과정 이수자에 한해 지원할 수 있고 입학금은 80만원이며 작목별 전문농가 현장실습 중심으로 교육이 진행된다. 부산·대전·대구·화천·경남·광주전남·거창 귀농학교 등이 있다. 귀농학교 졸업생들이 실제 귀농하는 비율이 70~80%에 이른다.

■ 천안연암대학 귀농지원센터(www.uiturn.com)

농림축산식품부 지정 도시민 농업창업교육을 통해 생산기

술 및 가공과 경영, 농가체험 등 다양한 방식으로 교육을 진행하고 있고, 매주 1박2일은 전국의 농촌현장을 찾아가는 현장체험 프로그램이 특징이다. 지난 2006년부터 시작된 이 대학의 귀농교육은 2개월 이상의 합숙과정으로 지금까지 약 350여명을 배출하였다. 2013년도 전반기에 15기가 교육을 받고 있고 하반기에 16기생이 교육을 받는다. 교육생은 서류심사와 토론식면접으로 선발하며 약 10대1의 높은 경쟁률을 보이고 있다.

■ 경기귀농귀촌대학

경기귀농귀촌대학과정은 4월~10월까지 총 7개월 과정으로 매주 토요일(10:00~16:00) 교육하며, 수강생모집 원서교부 및 접수는 매년 3월 초순에서 중순사이에 한다. 모집대상은 경기도거주자, 경기도귀농귀촌·도시농업희망자이다. 교육은 7개월 귀농귀촌과정과 3개월 도시농업과정이다. 실습교육이 50%이상이고, 귀농해서 즉시 활용 가능한 커리큘럼으로 구성되어 있다. 귀농귀촌교육은 농업전문대학인 농협대학교(고양시), 국립한국농수산대학(화성시), 국립한경대학교(안성시), 여주농업경영전문학교(여주군) 등 4개 교육기관에서 8개 교육과정으로 나눠 진행된다. 교육시간은 150시간

내외로 100시간 이상 이수한 경우 농림축산식품부에서 지원하는 '귀농인 농업창업자금'대출을 최대 2억원까지 신청할 수 있는 지원 자격이 주어진다. 교육비 자부담은 50만원 이내이고 경기농림진흥재단에서 최대 70%가량을 지원해준다 (문의: 경기농림진흥재단 031-250-2773).

■ 각 지자체 귀농학교

■ 농어촌빈집주인찾기(www.cohousing.or.kr)
임대 또는 매매 가능한 빈집정보와 일자리정보, 농지안내 및 농사정보 제공, 귀농지원사업 등을 알아볼 수 있다.

이외 인터넷 사이트를 통해 올라와 있는 귀농귀촌에 대한 많은 정보를 확보해 활용하면 소중한 귀농정보로 유용하게 활용할 수 있다.

2. 귀농인에 대한 정부 지원정책

■ 귀농인 농업인턴제 사업

귀농 희망자가 선도농가 농장에서 월급을 받으면서 농촌 생활을 할 수 있도록 지원하는 제도이다. 기간은 보통 6개월 이내이며 이 기간 동안 현장 실습을 하면서 영농기술과 경영 노하우를 배울 수 있도록 하는 사업이다. 이 사업은 인턴이 월급을 받으면서 실질적인 농사를 경험할 수 있다는 장점과 아울러 농가에서 부족한 일손을 제공받을 수 있는 좋은 기회이기도 하다.

인턴자격은 귀농교육 사업신청일 기준 18~55세 이하인 자로서 귀농교육이수자, 농고·농대 출신자, 군 제대 구직자 등 미취업자로서 연수 후 귀농희망자이다. 선도농가 자격은 신지식인, 농업인, 전업농, 창업농업경영인 및 농업법인 등 시장·군수가 인정한 농가이다. 또한 인턴 1인당 월120만원을 6개월까지 지원하며, 근로시간은 법정근로시간과 같이 일 8시간, 주 40시간, 월 20일이다.

제출서류는 농업인턴제 연수신청서, 농업인턴제 인턴 채용자 지정신청서 및 농업인턴제 선도농가 운영계획서 등이다.

신청절차는 사업신청서(인턴 및 채용농가) → 심사 및 선정(시·군) → 인턴과 선정농가 약정체결 → 사업추진 → 보조금지급(매월) → 추진사항 점검(시·군)이다.

신청은 전국 시·군(읍, 면)담당과 또는 농업기술센터에 문의·신청하면 된다.

〈선도농가의 경영규모 기준표〉

품목	주력작목 및 작형	규모	비고
식작	식작	5.0ha 이상	
	전작	3.0ha 이상	
특작	특작	1,500평 이상	
	버섯	200평 이상	
채소	하우스 채소	1,000평 이상	하우스 채소는 현대화된 하우스 기준임
	유리온실 채소	500평 이상	

품목	주력작목 및 작형	규모	비고
과수	인과류(사과, 배 등)	1.5ha 이상	단감, 감귤 등은 인과류 과수에 속함
	장핵과류(복숭아 등)	1.0ha 이상	
화훼	하우스 화훼	1,000평 이상	하우스 화훼는 현대화된 하우스 기준임
	유리온실 화훼	500평 이상	
축산	낙농	50두 이상	
	한육우	100두 이상	
	양돈	1,000두 이상	
	양계	30,000수 이상	

(자료: 농촌진흥청)

※ 표에 해당 품목이 없는 경우 유사 품목을 적용. 단, 유사 품목이 없는 경우에는 시장·군수가 경영규모, 매출액 등을 기준으로 선도농가 선정가능.

■ 귀농창업 및 주택구입 지원 사업

(농림수산식품부(현 농림축산식품부) 2013년 사업시행 주요내용)

1. 사업대상자

○ 사업대상자는 농어촌 이외의 지역에서 다른 산업분야에 종사하였거나 종사하고 있는 자로서 농어업(경종·축산·임

업·수산 포함)을 전업으로 하거나 농어업에 직접종사하면서 농어업과 동시에 이와 관련된 농수산식품 가공·제조·유통업 및 농어촌비즈니스를 겸업하기 위해 '농어촌지역'으로 이주하여 농어업에 종사하고 있거나 하고자 하는 자

▶ '농어촌지역'이라 함은 농어업·농어촌 및 식품산업기본법 제3조제5호(나목에 따른 농림수산식품부장관이 고시(제2009-440호;'09.12.31)한 지역은 별첨 2 참조).

▶ 제주특별자치도는 제주특별자치도 설치 및 국제자유도시조성을 위한 특별법 제203조의 규정에 의거 농어촌지역으로 지정한 동지역을 포함

○ 이들 중 아래 지원 자격 및 요건을 갖춘 자 중에서 시장·군수, 농업기술센터소장 및 읍·면장(귀어의 경우는 시·도 수산 기술 보급부서의 장)이 심사를 거쳐 지원대상자로 선발한 자

2. 지원 자격 및 요건

○ 2008년 1월 1일부터 사업신청일 전에 세대주가 가족과 함께 농어촌으로 이주하여 실제 거주하면서 농어업에 종사하고 있거나 하고자 하는 자

- 농촌지역으로 이주 예정인 자 또는 2년 이내 퇴직증빙을

할 수 있는 퇴직예정자, 자영업자 등 개인사업자, 근로자도 지원 대상에 포함(다만, 사업 대상자로 선정된 후에, 주소지 이전 확인 후 대출 가능) : 농업분야만 해당

ㅇ 농어촌지역 전입일을 기준으로 1년 이상 농어촌 이외의 지역에서 거주한 자

- 가족관계등록부상 동일 가족 내에서 독립세대를 구성해 농어촌으로 이주한 경우, 당해 이주 세대주가 농어촌 이외의 지역에서 1년 이상 거주한 자

- 다만, 농어촌 지역으로 이주한 후 다른 지역의 농어촌 지역으로 이주한 경우는 이주전 지역의 거주기간을 제한하지 않음

※ 제대군인 등 근무지가 농어촌지역이고, 농어업 외 타 산업 분야에 종사한 경우에는 농어촌 이주기한 및 농어촌 이외 지역 거주기간을 제한하지 않음

ㅇ 농림수산식품부, 농촌진흥청 및 지자체 등이 주관 또는 지정한 귀농교육을 3주 이상(또는 100시간 이상) 이수한 자, 단 귀어의 경우 농림수산식품부 교육기관에서 교육을 1주 이상 이수한 자 또는 사후교육으로 대체할 수 있으나, 사후교육은 1년 이내 필히 받아야 함.

- 기타 민간단체 등에서 받은 일반 농업교육 실적도 포함

- 사이버교육의 경우 총 이수시간의 50%를 인정하되, 최대 50시간까지만 반영(적용 예: 200시간 이수 경우 50시간만 인정: 농업분야 해당)

* 사이버교육은 7시간을 1일로 환산하여 반영

- 귀농·귀어자 중 실제 영농·영어종사 기간이 3개월 이상인 영농(영어)경험자(증빙관련: 실제 농지소유(양식장, 어선 등)나 임차를 통해 농수산물을 수확·판매한 실적 증빙 자료 또는 비료, 가축, 종자, 농자재(양식기자재, 어구) 등 구입에 다른 증빙 자료 제출한 자, 농수산계 학교 출신자, 후계농어업인으로 선정되었던 자, 농수산업인턴 이수자(3월 이상)는 귀농·귀어 교육을 이수한 것으로 인정

〈 지원제외 대상 〉

○ 농림수산식품부의 정책자금(농수축산경영자금, 사료구매자금 제외)을 지원받아 상환하였거나 상환중인 자와 사업장 이탈로 사업이 취소된 자, 다만, 과거 정책자금을 지원 받았으나 자금을 상환하고 이농한 후 귀농한 경우는 제외

○ 농어촌지역에서 농어촌지역으로 이주한 자. 단, 도·농 복합시의 도시지역에서 농어촌지역으로 이주하여 영농·영어(이하 영농이라 한다)에 종사하는 경우에는 지원 대상에 포함

○ 농어촌지역 이주 예정자 또는 2년 이내 퇴직증빙을 할 수 있는 퇴직예정자, 자영업자 등 개인사업자, 근로자가 귀농귀촌 농어업 창업 및 주택구입 자금을 지원 받았으나 선정 이후 일정기간(2년) 이내에 실행하지 않은 자

○ 병역미필자, 고등학교·대학 등에 재학 중인 자,

○ 금융기관의 연체 중인 자 또는 파산 등으로 법적인 면책을 받아 회생중인 자

○ 전국은행연합회의 「신용정보관리규약」에 따라 연체, 대위변제·대지급, 부도, 관련인, 금융질서문란 등의 정보가 등록되어 있는 자

○ 금융기관의 대출(보증)한도 초과로 더 이상 대출이 어려운 자

○ 사업신청일 기준 공무원, 교사, 공기업 정부 및 지자체 출연기관 및 농·수·축협 등 재직자.

○ 허위 또는 부정한 방법으로 대출을 받거나, 대출자금을 목적이외 용도로 사용한 자

3. 지원 대상

○ 〈농어업창업자금〉 영농기반, 농수산식품 제조·가공시설 신축(수리)

ㅇ 〈주택마련자금〉 농어가 주택 구입 및 신축

4. 지원자금의 사용용도

ㅇ 〈농어업창업자금〉 영농기반, 농수산식품 제조·가공시설 신축(수리)에 사용

ⅰ) 경종분야 수도작, 채소, 화훼, 과수, 특작, 복합영농 등 창업자금

- 농지 및 임야구입, 고정식온실·하우스시설·양액재배시설 설치, 과원조성, 묘목 및 종근(화훼묘 포함)구입, 농기계구입(대형농기계 50%미만), 버섯재배사, 저장시설, 관수시설 설치, 농식품 가공시설 설치 및 가공기계 구입, 컴퓨터 구입, 기타 농림업 기반시설의 설치 등

ⅱ) 축산분야 한(육)우, 낙농, 양돈, 양계 기타 축산 등 창업자금

- 축사부지 구입자금(사업주관기관이 사업계획서에 의거 정상적으로 축사신축이 가능하다고 확인한 경우에 한함), 축사 신(증)축 및 시설개보수, 가축입식(한·육우 입식자금은 지원제외), 농기계구입(대형농기계 50%미만), 폐수처리시설의 설치, 초지 및 사료포 조성, 사료저장시설, 컴퓨터 구입, 기타 축산기

반 시설의 설치 등

iii) 수산분야 어선어업, 양식어업, 수산물 가공, 소금업 등
  창업자금
  - 양식장·가공공장 신축부지 구입(양식장·가공시설을 신
  축하는 경우에 한해 지원금의 50% 이내), 어선·양식장·염전
  구입, 양식장·어선·가공·염전부대시설 신(증)축 및 시설
  개보수, 종묘입식(지원금의 50% 이내), 폐수처리시설의 설치,
  저장시설의 설치, 수산장비·컴퓨터 구입, 기타 기반시설의
  설치

iv) 농어촌비즈니스분야 농어촌관광, 체험농장, 농어촌레
  스토랑 등 창업자금
  - 농지 및 관련 시설 부지 구입(시설물을 신축하는 경우에 한
  함), 펜션, 민박, 농어촌레스토랑 건축, 농수산식품가공 및 유
  통시설 설치, 컴퓨터 등 구입, 기타 농어촌비즈니스 관련 사
  업 시설의 설치 등

○ 〈주택마련 지원〉 농어가 주택 구입 및 신축 시 융자지원
  - 대상지역은 읍·면지역중 상업지역 및 공업지역을 제외

한 지역

　- 대출대상 주택은 세대당 주거전용면적 150㎡ 이하인 주택

　　·다가구·다세대형 허용(창고, 부속사, 보일러실 등은 주거전용면적에서 제외)

　* 농어촌주택 : 농어촌정비법 제2조 제11호의 농어촌지역(준 농어촌지역 제외)에 위치하고 장기간 주거생활을 영위할 수 있는 구조로 된 건축물(부속 건축물 및 토지는 제외)을 말한다.

　5. 지원형태 및 사업 의무량
　○ 재원 : 금융자금 100%(이차보전사업; 농협, 수협)
　○ 대출금리 및 대출기간 : 연 3%, 5년 거치 10년 원금균등분할상환

　6. 지원한도액 기준 및 범위
　○ 지원대상별 지원한도액을 부여하는 기준과 범위 등을 제시
　○ 대출한도
　- 농어업 창업자금 : 세대당 200백만원 한도 이내

* 단, 낙농분야는 자부담으로 쿼터와 납입처를 확보한 경우에 한하여 5천만원까지 지원

- 농어가주택 구입 및 신축자금 : 세대당 40백만원 한도이내

* 상기 금액은 대출한도이며 실제 대출금액은 대출취급기관이 대출신청자의 농지, 건축물 평가 등 대출심사 및 대출자의 신용상태에 따라 대출한도 내에서 변경될 수 있음

○ 농어업창업자금은 농신보 보증지원(농어촌비즈니스분야는 제외)

〈융자방식〉

○ 사전대출 가능사업 : 농지, 축사, 어선, 양식장, 염전, 가공공장 구입 및 신축용 부지구입

○ 사후대출 가능사업(사업추진 실적에 따른 대출) : 시설설치 지원, 농수산 식품 가공·제조 사업 등

○ 특별사항 : 사후융자 사업 중 대출희망 금액에 상응하는 담보를 제공하고, 시장·군수가 발급한 「사업추진계획서」를 제출한 경우 사전 대출 가능. 사업대상자는 사업계획서에 따라 사업완료 후 농림수산사업집행관리기본규정으로 정한 증빙자료를 시장·군수에게 제출하여야 하고, 사업주관기관은

사업추진실적확인서(증빙서류 포함)를 발급하여 대출취급기관에 통보, 어선·양식장의 소유권이전 등기에 관하여는 수산업법에서 정하는 절차에 의한다.

<농림수산업자 신용보증기금(농신보) 보증지원>
ㅇ 지원대상자는 농림수산업자신용보증법 제2조, 동법 시행령 제2조 및 신용보증규정 제4조에서 정한 농림수산업자로서 농신보 보증지원을 받기 위해서는 현재 영농(영어)에 종사할 뿐만 아니라 농협(수협)조합원 자격을 갖춘 자이어야 함
ㅇ 지원대상자로 선정된 자는 대출금의 최대 90%까지 보증지원하고, 잔여 10%는 해당 금융기관이 보증
ㅇ 기타 지침에서 정하지 않은 사항은 관계법령과 규정에 의함

ㅇ 융자시 기타 유의사항

- 배우자, 본인 또는 배우자의 직계존비속 및 형제자매의 소유농지는 원칙적으로 지원 불가. 다만, 형제자매로서 세대가 분리되어 있고 동거하지 아니하는 경우 등에 대해서는 지원가능

- 경매 또는 공매에 의한 농지, 축사, 양식장, 어선 등 구입
자금도 지원 가능
- 축사, 고정식 온실, 하우스, 양식시설 등 기존의 영농·영
어 시설물(중고 농기계 포함)에 대한 구입비 지원가능   -이상-

[참고]
수도작 [水稻作] : 논에 물을 대어 벼농사를 짓는 것을 말함.
특작 [特作] : 쌀이나 보리 따위의 일반적인 곡물이 아닌, 특
별한 농작물을 경작하는 일
경종 농업 [耕種農業] : 땅을 갈고 씨를 뿌려서 가꾸는 농업

위 내용 중 귀농인이 깊이 들여다봐야 할 대목은 농업창업
자금 2억 한도 이내라는 내용이다. 귀농지원금은 어느 분야
를 지원 받는다 하더라도 거저 주는 돈이 아니다. 최대 2억원
을 대출 받았다 가정할 때 대출금리 3%에 대출기간은 5년 거
치 10년 원금균등분할 상환 조건이다. 이 조건은 거치기간 5
년 동안은 3% 이자 즉, 매월 50만원씩 1년에 600만원을 이
자로 지불해야 한다. 다시 말해 거치기간 동안(600만원×거치
기간 5년) 3,000만원을 이자로 내야 한다. 거치기간 이후부터
는 '원금균등분할상환'이라 해도 월(≒167만원)의 원금과 이

자 50만원을 더해 매월 217만 원 정도를 10년간 더 내야한다 (물론 뒤로 갈수록 원금이 줄어들면서 이자는 낮아지겠지만). 매월 납부해야 하는 이 상환금액은 결코 적은 금액이 아니다. 자칫 농사라도 망치는 경우엔 큰 빚만 떠안게 될 수 있음을 명심해야 한다.

또한 귀농지원금 신청에 적합한 자격요건을 갖췄다하더라도 담보를 제공하지 않으면 안 된다. 농지에 담보설정을 하고 대출해주는 제도이기 때문에 농지를 소유하지 않은 귀농인에게는 먼 나라 이야기이다. 농지 담보가치를 실거래(감정가)가의 50~60%에 불과한 공시지가를 기준으로 평가하고 있어 담보제공에 어려움이 따른다. 물론 금융기관에 따라 차이는 있지만 현재 농지의 담보비율은 45~60% 정도이다. 따라서 2억원을 대출 받으려할 경우 최소 5억 이상의 담보를 제공해야 한다.

■ 귀농인의 집 조성사업(농림축산식품부 주관)
귀농인의 집이란 귀농귀촌 희망자가 일정기간 동안 영농기술을 배우는 등의 현장 농촌체험을 한 후 귀농할 수 있도록 마련된 예비귀농자들이 거주하는 집이다. 귀농인의 집에 대한 운영 및 유지관리는 시·군, 마을협의회에서 시행하며 사업대상자는 마을단위로 정한다.

입주대상자는 귀농인의 집에 거주하면서 주택과 농지를 확보한 후 현지에 정착하고자 하는 자는 누구나 가능하며, 귀농교육을 이수한 자에게 우선순위를 부여하고, 가족(부부 등)과 함께 입주하고자 하는 경우(단독 입주자는 제외)이다. 임대료는 6개월간 무료이고 전기, 수도요금 등은 부담하도록 하고 있다. 귀농인의 집 입주 가족에게는 영농기술을 배울 수 있도록 체험실습장을 제공해주고, 각종 농기계임대·알선 및 종자, 농기자재 등이 제공된다.

이러한 귀농인의 집은 전국 각 지자체에서 운영하고 있으며 지속적으로 확대할 계획이다.

■ 창업농후견인(멘토링)제 사업

창업농의 성공적인 영농정착을 위해서 실제 영농과정에서 발생하는 문제점을 적기에 해결할 필요성이 대두되고, 영농경험이 부족한 창업농은 기존 농업인에 비해 문제해결 능력이 상대적으로 부족해 창업농에 대한 후견지원이 필요하게 되었다. 이에 창업농의 문제해결 지원으로 안정적 영농정착과 경영혁신 유도로 농업부분의 젊은 신규 인력을 유입 촉진

시키기 위해 도입된 사업이다.

창업농업인은 멘토를 통해 기술·경영·정서적 측면에 대한 조언·교육지도 등을 제공 받고, 이를 돕는 멘토에 대해서는 소요비용 및 서비스 대가로 창업농 1인당 월 50만원 한도로 자금을 지원받는다. 신청서 배부와 접수는 각 시·군 농업기술센터에서 하고 있다.

구비서류는 창업농의 경우 '창업농멘토(후견인)제 지원대상 신청서'를 후견인(멘토)의 경우 '창업농멘토제 후견인 지정신청서', '창업농멘토(후견인)제 운영계획서'를 제출하면 된다.

■ 농기계구입 및 임대 지원사업

농기계를 필요로 하는 농업인, 영농조합법인, 농업회사법인, 농기계공동이용조직 등에 농기계구입자금을 융자 지원해줌으로써 농업인의 부담을 줄이고 생산성을 향상시키기 위해 도입된 사업이다.

농기계임대 지원사업은 시장·군수·구청장이 확보한 임대농기계를 농업인, 작목반, 영농조합법인 등 농기계 공동이용조직에게 임대하는 사업이다.

이용은 가급적 많은 농가들이 이용할 수 있도록 1~3일 내외의 단기임대를 원칙으로 한다. 임대는 관내 농업인뿐만 아니라 해당 시·군의 농경지를 타 지역에서 출입 경작하는 농업인에게도 임대해준다.

[참고]

임대농기계의 경우 면세유지급대상이다. 이는 지난 2006년 농림수산식품부가 임대농기계 이용 농업인의 부담을 경감시켜주고자 농업용 면세유류 공급요령을 개정·고시해 명문화 시켰다(농업용 면세유류 공급요령 제8조5항). 그러나 홍보 부족은 물론 인수인계미비로 인해 지자체 농기계임대사업소 담당자나 지역농협 면세유 담당자조차 임대농기계가 면세유 지급대상에 포함됐는지에 대해 인식하지 못하면서 이제껏 애꿎게 임대농기계 이용 농업인들만 불이익을 당했다. 현재 임대농기계 사용자가 면세유 혜택을 받으려면 지역 농협에 면세유추가배정 신청서를 작성해 제출하면 면세유를 제공받을 수 있다.

'농업용 면세유류 공급요령'

[시행 2012.1.1] [농림수산식품부고시 제2011-205호, 2012.1.1, 폐지제정]

제8조(농가별 배정 등)

5. 시장·군수·구청장 또는 지역조합장, 조합공동사업법인 및 농업협동조합중앙회장이 소유하고 있는 농업기계(농업용 난방기는 제외)를 농업인이 임차하여 사용할 경우 농업인이 관련 증빙서류를 해당 지역조합장에게 제출하면 사용시간, 작업면적 등을 고려하여 면세유류를 배정할 수 있다. 다만, 개인 또는 법인이 소유한 농업용 난방기를 임차 사용할 경우는 재배면적 및 부대시설 일체 등 임차를 확인할 수 있는 관련서류를 제출받아 면세유류를 배정할 수 있다.

'면세유류 대상 농업기계' (기획재정부령)
1. 동력경운기
2. 농업용 트랙터
3. 동력이앙기
4. 주행형 동력분무기(액체형태의 약탱크가 부착된 것에 한한다)
5. 고속분무기(스피드스프레이)

6. 바인더

7. 콤바인

8. 곡물건조기

9. 주행형 탈곡기

10. 예도형 동력예취기

11. 동력중경제초기

12. 동력수확기

13. 농산물건조기

14. 관리기

15. 〈삭제〉

16. 동력이식기

17. 농업용 난방기(비닐하우스용·온실용 또는 농가의 축산용
   에 사용되는 것으로서 농림수산식품부장관이 정하는 것에
   한한다)

18. 동력절단기

19. 농업용 병충해방제기

20. 농업용 양수기

21. 동력예취기

22. 동력탈곡기

23. 〈삭제〉

24. 동력배토기

25. 동력시비기

26. 〈삭제〉

27. 동력탈피기 및 박피기

28. 농산물결속기

29. 농산물 운반대 및 운반차

30. 농산물세척기

31. 〈삭제〉

32. 동력혈굴기

33. 동력구절기

34. 동력가지절단기 및 파쇄기

35. 동력수피기 및 파쇄기

36. 동력파종기

37. 〈삭제〉

38. 농 선

39. 잔디깎는기계(농업용으로서 25마력 이하인 것에 한한다)

40. 녹차채엽기

41. 버섯재배소독기

42. 농업용무인헬리콥터

■ 주택구입 지원사업

 귀농해 농가주택을 구입하거나 신축할 경우 자금을 지원해준다. 대상지역은 읍·면지역 중 상업지역 및 공업지역을 제외한 지역이며 대출대상 주택은 세대당 주거전용면적이 150㎡(≒45.4평) 이하인 주택이며 다가구·다세대형도 대상에 포함된다. 농가주택 구입 및 신축자금은 세대당 4,000만원 한도 내에서 지원한다. 단, 이 금액은 대출한도 금액으로서 실제 대출금액은 대출취급기관이 대출신청자의 농지, 건축물 평가 등 대출심사와 아울러 대출자의 신용상태에 따라 대출한도 내에서 변경될 수 있다. 대출 금리는 3%이고, 5년거치 10년 분할상환 조건이다.

■ 귀농인 농가주택수리비 지원 사업

 귀농자가 농촌지역에 안정적으로 정착하여 영농에 종사할 수 있도록 주거환경 개선을 지원하는 사업이다.

 지원 금액은 지자체별로 가구당 3백만원~5백만원 한도 내에서 수리비를 지원해주고 있다. 수리비는 주택 리모델링, 보일러교체, 지붕·부엌·화장실 개량 등 부속시설 개보수에 한한다. 신청 시기는 연중 수시로 하되 사업비 소진시까지이다. 사업신청은 신청자의 읍·면사무소에서 한다.

■ '2030세대 농지 지원 사업'

한국농어촌공사가 운영하는 농지은행을 통해 농촌 정착을 희망하지만 경제적인 이유로 농지를 확보하지 못해 어려움을 겪는 젊은 세대에게 저렴한 가격에 농지 임차를 알선해주고, 농지구입을 지원해주는 사업이다.

신청자격은 만20세에서 39세까지 창업농·후계농·귀농인 등 영농의욕이 있는 사람은 누구나 가능하다. 젊은 세대의 농촌정착을 지원하는 것을 골자로 하는 사업취지상 3,000㎡(907.5평) 초과 농지 소유자는 제외한다. 지원신청은 영농희망지역 한국농어촌공사 지사에서 접수하고, 신청자가 제출한 영농계획, 영농기술, 정착가능성 등을 평가해 결정하며, 대상자로 선정되면 거주지 및 인접 시·군의 희망농지를 5년간 최대 5만㎡(15,125평)까지 시세보다 10~20% 정도 낮은 임대료로 임차할 수 있다.

또한 농지를 매입하고자 할 경우 3,3㎡(1평)당 답은 3만원, 전은 3만5천원을 연리 2%, 10~30년간 원리금균등분할상환 조건으로 대출을 받을 수 있다.

■ 경영회생지원농지매입사업

농업재해율 50% 이상 또는 금융기관 부채 3,000만원 이상인 농가의 농지를 농지은행에서 부채액의 110% 범위에서 매수하여 그 매매대금으로 금융기관의 부채를 상환하고 매수한 농지에 대해서는 해당 농업인이 7년간(영농여건에 따라 3년 연장 가능) 1%의 임차료로 영농할 수 있도록 해주는 사업이다.

또한 임차기간 중에 농업인이 언제든지 매도한 농지를 다시 환매할 수 있기 때문에 농가부채에 시달리고 있는 농업인들이 많은 도움을 받을 수 있는 사업이다.

■ 체류형 농업창업지원센터

농림축산식품부는 도시민을 포함해 귀농 실행단계에 있는 예비귀농인을 대상으로 일정기간(1~2년) 가족과 함께 체류하면서 농촌이해, 농촌적응, 농업창업과정의 실습과 교육을 체험할 수 있는 One-Stop 지원센터인 체류형 농업창업지원센터를 2014년부터 건립 운영한다. 우선 경북 영주와 충북 제천에 2013년도말까지 체류형 농업창업지원센터를 건설해 2014년도부터 운영하며 이 후 해마다 2개 지역씩 늘려갈 계획이다. 영주와 제천에 건설되는 체류형 농업창업지원센터는 2014년 초에 첫 입소자를 각 30가구씩 모집한다. 따라서 2013년도 말까지 영주와 제천에는 체류형 주택 각 30동, 가구별 농장, 공동체실습장, 공동하우스, 공동농자재보관소, 공동퇴비장 등의 시설이 마련된다. 더불어 전문가의 지속적인 교육과 상담을 실시할 수 있는 교육시설을 설치해 교육생들에게 기초영농기술, 작목별 심화기술의 습득, 각종 영농정보 및 농업기술, 행정지원 등을 제공하게 된다. 이렇게 교육생으로 선발되면 가족과 함께 1~2년간 농촌생활을 익히고 체험하면서 귀농준비를 할 수 있게 됨으로로써 궁극적으로 이 센터를 통해 귀농인들의 안정적인 귀농정착을 유도함으로써 귀농에 대한 우려를 해소함과 더불어 신규 농업 인력의 유입으로 인한 농업과 농촌에 활력을 불어넣을 수 있을 것으로 기대하고 있다.

3. 귀농시 알고 있어야 할 용어

■ 농지

농지란 전·답, 과수원, 그 밖에 법적 지목을 불문하고 실제로 농작물 경작지 또는 다년생 식물재배지로 이용되는 토지 및 토지의 개량시설, 토지에 설치하는 농축산물 생산시설로서 대통령령으로 정하는 시설의 부지를 말한다(농지법 제2조).

농지법 적용을 받는 농지란 지목여하를 불문하고 실제로 3년 이상 경작하고 있는 곳, 다년생 식물을 재배하는 곳은 농지법상 농지로 규정하고 있다.

농지법상 다년생식물재배지는 다음에 해당하는 식물의 재배지를 말한다.

1. 목초·종묘·인삼·약초·잔디 및 조림용 묘목

2. 과수·뽕나무·유실수 그 밖의 생육기간이 2년 이상인
   식물

3. 조경 또는 관상용 수목과 그 묘목(조경목적으로 식재한 것
   은 제외)

조경용 나무를 재배하기 위하여 식재한 곳은 농지로 분류
되지만 조경용으로 식재한 곳은 농지로 분류되지 않는다. 임
야에 유실수를 경작하는 경우 그 형태를 변경하지 않고 경작
을 하는 곳은 농지로 분류되지 않는다. 그리고 농사 경작을
위해 부속물을 건축하였더라도 대지로 변경되지 않고 농지
로 분류 된다.

■ 농업인이란

농지법상 농업인이란 농지법 시행령 제3조에서 다음과 같
이 규정하고 있다.

1. 1,000㎡(302.5평) 이상의 농지에서 농작물 또는 다년생
   식물을 경작 또는 재배하거나 1년 중 90일 이상 농업에
   종사하는 자

[참고]

1년 중 90일 이상 농업에 종사하는 자란 농업법인이나 농장주 등의 '농업경영주와 1년 중 90일 이상 농업경영이나 농지경작활동의 고용인으로 종사한다는 고용계약을 체결하고 서면 계약서를 제출한 사람'으로서 실제로 노동력을 제공한 자를 말함(농업인 확인서 발급규정 제4조제3호).

2. 농지에 330㎡(≒100평) 이상의 고정식온실·버섯재배사·비닐하우스, 그 밖의 부령으로 정하는 농업생산에 필요한 시설을 설치하여 농작물 또는 다년생식물을 경작 또는 재배하는 자

3. 대가축 2두, 중가축 10두, 소가축 100두, 가금 1천수 또는 꿀벌 10군 이상을 사육하거나 1년 중 120일 이상 축산업에 종사하는 자

4. 농업경영을 통한 농산물의 연간 판매액이 120만원 이상인 자를 말한다.

이밖에 '농어업·농어촌 및 식품산업기본법'상의 농업인은 농지법에 없는 영농조합법인과 농업회사법인에서 1년 이상 계속 고용된 사람도 농업인으로 정하고 있다. 따라서 농업인은 반드시 농지를 소유해야 하는 것도, 농지원부가 있어야

하는 것도, 농지나 임야 소재지에 주민등록이 되어 있어야 하는 것도, 반드시 자경해야 하는 것도 아니다. 농지는 경자유전의 원칙에 따라 농업인이나 농업법인이 자기의 농업경영에 이용하고자 할 경우에만 농지를 소유할 수 있다.

■ 농업진흥지역

농업진흥지역이란 시·도지사가 농지를 효율적으로 이용하고 보전하기 위해 지정·고시한 지역을 말한다. 농업진흥지역은 '국토의 계획 및 이용에 관한 법률'에 따라 녹지지역·관리지역·농림지역 및 자연환경보전지역을 그 대상으로 한다. 단, 특별시의 녹지지역은 제외한다. 농업진흥지역은 농업진흥구역과 농업보호구역으로 구분해 지정한다. 이는 토지이용계획확인원상에 표시되어 있다.

① 농업진흥구역 : 농업의 진흥을 도모하기 위하여 농지조성사업 또는 농업기반정비사업이 시행되었거나 시행 중인 지역으로 농업용으로 이용하고 있거나 이용할 토지가 집단화되어 있는 지역을 말하며, 이외 지역으로서 농업용으로 이용하고 있는 토지가 집단화 되어 있는 지역을 말한다.

② 농업보호구역 : 농업진흥구역의 용수원 확보, 수질보전

등 농업환경을 보호하기 위하여 필요한 지역을 말한다. 농업진흥지역외 농지에서는 농지법에 의한 개발행위제한을 받지 않고 해당 용도지역에서 건축할 수 있는 건축물을 지을 수 있다.

③ 절대농지·상대농지 : 절대농지와 상대농지는 1992년 12월부터 시행된 '농업진흥지역'제도의 시행으로 오래전 법적으로 사라진 용어이다. 절대농지는 '농지법'에 의한 '농업진흥지역'과 유사한 개념이고, 상대농지는 '농업진흥지역 밖'과 유사한 개념이다. 이 두 개념의 차이점인 농업진흥지역은 권역별 지정으로 비농지도 일부 포함할 수 있지만, 절대농지·상대농지는 농지의 필지별로 지정되었다는 점이다.

■ 농지원부

농지원부는 해당 농업인의 주소지(농지 소재지가 아님) 시·군·읍·면·동사무소(농업법인 또는 준농업법인: 주사무소의 소재지 시·군·읍·면·동사무소)에서 농지의 소유 및 이용 실태를 파악하여 농지행정 및 농정정책의 효율적 추진에 필요한 기초자료로 활용하기 위해 작성하는 것이다. 농지를 소유하고 있지만 농지원부가 없거나 농지원부에 등재되지 않으면 농업인으로서 인정받지 못한다. 작성시점은 농지를 취득 또는 임차한 후 농업경영을 하고 있는 것이 확인 되는 시점이다. 따라서 영농시기가 아닌 때 농지를 취득하였거나 농지임대차기간을 연장하였는데 농사철이 아닌 경우에는 경작현황을 확인할 수 없기 때문에 경작현황을 확인할 수 있을 때까지 농지원부를 작성 할 수 없다.

농지원부를 작성한 후에는 농지소유 및 임대차 현황 등의 농지관리 업무, 농업관련 자금지원 대상농가 선정 등 농정정책 추진을 위한 기초자료로 활용되며, 농업인이나 자경여부 등을 확인하는데 이용된다.

작성대상은 농지에서 농작물을 재배하는 농업인 또는 농업법인으로서 1,000㎡이상(비닐하우스 등의 시설의 경우 330㎡)의 농지에서 농작물을 경작하거나 다년성 식물을 경작 또는 재배하는 경우와 준농업법인(직접 농지에 농작물을 경작하거나 다년성 식물을 재배하는 국가기관, 지방자치단체, 농지법시행규칙에 의한 학교, 공공단체, 농업생산자단체, 농업연구기관, 농업기자재를 생산하는 자 등)이다. 이외 1,000㎡(비닐하우스 등 시설의 경우 330㎡) 이상의 농지를 소유하고 있으면서 자경을 하지 않으면 농지소유주는 농지원부를 작성할 수 없고 임차인이 작성할 수 있으며, 경작하는 농지가 여러 시·군·읍·면에 소재하더라도 그 면적이 1,000㎡ 이상이면 농지원부 작성이 가능하다. 또한 자경증명서(토지소재지에서 발급)를 제출하면 경작 조회 없이 바로 작성이 가능하다.

이렇게 농지원부에 등재하면 ① 농업인으로 추정 ② 농지전용부담금 면제 ③ 농업인 대상 자금 및 공과금 보험료 준조세 등 감면혜택 ④ 농지전용신고 및 형질변경 신청시 확인서류 ⑤ 개발제한구역에서 농업인의 혜택 부여시 확인서류 ⑥ 농어촌출신 대학생 장학금신청서류 ⑦ 각종 농업정책보조금, 융자금, 학자금 신청서류 ⑧ 농업용 농기계 면세유 구입 ⑨ 농기계, 비닐하우스시설 구입지원 등과 같이 활용과 아울러 혜택도 받을 수 있다.

■ 농지취득자격증명

영농을 하기 위해 농지를 취득하고자 하는 자는 농지취득자격증명을 발급받아 소유권에 관한 등기를 신청할 때 이를 첨부해야 한다. 이것은 농지가 투기목적으로 거래되는 것을 사전 방지하고 경자유전의 원칙을 실현하기 위해서이다. 농지취득자격증명을 발급 받고자 하는 자는 농지취득자격증명 신청서와 농업경영계획서, 주민등록등본(농지의 소재지와 거주지가 다른 경우), 법인등기부등본(법인일 경우), 최고가매수인선정확인서(경매로 취득하는 경우) 등의 서류를 작성 및 발급받아 해당 농지 소재지를 관할하는 시·군·읍·면장에게 신청하면 신청한 날로부터 4일 이내 발급 받을 수 있다. 경매로 농지를 취득하는 경우 면적에 관계없이 농지취득자격증명을 제출해야 한다.

다만, 국가 또는 지방자치단체가 농지를 취득하는 경우, 상속(상속인에게 한 유증을 포함)에 의하여 농지를 취득하는 경우 등에 있어서는 농지취득자격증명을 발급받지 않고 농지를 취득할 수 있다.

농지취득자격증명은 1,000㎡ 미만의 농지에도 적용됨으로 주말·체험영농을 하고자 하는 농업인이 아닌 도시민도 농지를 취득하기 위해서는 농지취득자격증명을 받아야 한다. 단, 이 경우 농업경영계획서를 작성하지 않아도 된다.

또한 토지거래허가구역 내에서는 면적기준에 관계없이 농업경영목적의 농지 취득만 허용하고 있기 때문에 주말·체험영농 목적으로 농지취득을 할 수가 없다. 따라서 토지거래허가구역 내에서 농지를 취득하고자 할 경우 주말·체험영농이 아닌 신규영농으로 취득해야 하며 농지취득자격증명을 발급받아야 한다.

■ 농가주택양도세비과세요건('조세특례제한법 제99조의4')

농촌의 공동화 현상과 고령화가 확대되는 추세에서 농촌으로의 인구유입을 통한 농지활용과 농촌경제의 활성화에 도움을 주고자하는 정책적 배려에서 일정 요건을 갖추었을 경우 농가주택을 포함 1가구 2주택자가 농가주택 외 주택을 매도하였을 경우 양도세를 면제해주도록 하고 있다.

농가주택의 비과세요건을 살펴보면

1. 취득기간

기존 보유하고 있는 일반주택 외 추가로 2003년 8월 1일부터 2014년 12월 31일까지 농가주택을 취득한 경우에 한하는 한시적 규정이다.

2. 보유기간

농가주택 취득 후 3년 이상 보유할 것.

단, 협의매수, 토지수용, 상속, 멸실 등과 같이 부득이한 경우 예외적으로 과세특례를 적용받을 수 있다(협의매수란 공익용지의 경우 매수·매도자간의 협의 하에 매매가 성사된 경우를 말하고, 수용은 협의가 안 되었을 경우 공익에 사용하기 위해 국가가 강제적으로 매수하는 경우를 말함.).

3. 소재지

1) 농가주택이 읍·면 지역에 소재할 것.

2) 농가주택이 아래 지역에 소재하지 말 것.

   ① 수도권지역(단, 연천군, 옹진군 제외)

   ② 광역시(군 지역 제외)

   ③ 도시지역, 토지거래허가구역

   ④ 투기지역

   ⑤ 관광진흥법에 의한 관광단지

3) 취득한 농가주택과 보유하고 있던 기존의 일반주택이 행정구역상 같은 읍·면·시 또는 연접한 읍·면·시에 있는 경우 과세특례를 적용 받지 못한다.

4. 면적

취득한 농가주택이 단독주택일 경우 대지면적 $660\,\text{m}^2$($\fallingdotseq$ 200평) 이내이고, 주택연면적 $150\,\text{m}^2$($\fallingdotseq$45평) 이내 이어야 하고, 공동주택일 경우 $116\,\text{m}^2$($\fallingdotseq$35평) 이내 이어야 한다.

5. 가격

농가주택 및 이에 딸린 토지가액의 합계액이 해당 주택의 취득 당시 기준시가로 2억원을 초과하지 아니할 것. 다만, 취

득 후 대지의 추가구입 또는 주택을 증개축할 경우 그 늘어
난 면적과 금액을 기존 면적과 금액에 합산해 처음 농가주택
취득시점에서의 기존규정을 적용해 과세여부를 판단한다.

6. 적용주택

양도소득세과세특례가 적용되는 농가주택에는 농어촌주
택 및 임업인주택, 그리고 단독주택, 연립주택, 다세대주택
등이 모두 포함된다.

■ 농막

농막이란 농지(전, 답, 과수원)에 설치하는 건축물, 공작물
또는 컨테이너 등 가설건축물로서 농업인이 농업경영의 편
의를 위해 설치하는 임시건축물을 말한다. 이에 따라 농막을
설치할 경우 농지에 설치하는 농막의 부지는 농지에 포함되
므로 별도의 농지전용 절차를 거칠 필요가 없다.

농업인은 농지를 1,000㎡(≒300평) 이상 소유하고 있고, 농
사를 짓고 있으며, 주소지 관할 읍·면·동사무소에서 농지
원부를 작성할 수 있고, 농지원부가 작성 되면 비로소 정식
으로 농업인이 된다. 만약 1,000㎡ 미만의 농지를 취득하였
다면 농지원부 작성대상이 아니라 주말체험영농이 된다. 임

시건축물이란 컨테이너, 원두막, 비닐하우스 등과 같이 농사를 짓기 위해 일시적으로 이용할 수 있는 건축물로서 바닥이 영구적으로 고정되어 있지 말아야 한다.

◇농막의 설치요건

1) 농업생산에 필요한 시설일 것.

2) 주거목적이 아닌 시설로서 농기구, 농약, 비료 등 농업용기자재 또는 종자의 보관, 농작업자의 휴식 및 간이 취사 등의 용도로 사용되는 시설일 것.

3) 연면적의 합계가 20㎡(6평) 이내일 것.

유의할 사항은 농막이 주거시설로 이용되는 것을 방지하기 위해 전기, 수도, 가스등 간선공급설비의 설치를 하지 못하게 하여 농업인들의 불만이 커짐에 따라 정부에서는 이 규정을 폐지하는 대신 농업인들이 농막에서 간단한 취사나 샤워를 할 수 있도록 이 제도를 개선하여 2012년 11월 01일자로 시행에 들어갔다.

또한 농막은 건축법상의 가설물 설치신고를 해야 하며, 농막의 범위에 해당되더라도 '건축법', '국토의 계획 및 이용에 관한 법률' 등 관계법령의 적용대상이 되는 시설의 경우에는 그 법령에서 정한 절차 규정을 이행하여야 한다.

■ 농지전용

농지전용은 농지를 농작물의 경작이나 다년생식물의 재배 등 농업생산 또는 농지개량 외의 용도로 사용하는 것을 말한다. 농지에 주택 등 건축을 위해 농지를 전용할 경우 부담하는 '농지보전부담금'은 영농규모의 적정화, 농지의 집단화, 농지의 조성 및 농지의 효율적 관리에 필요한 자금을 조달·공급하기 위하여 설치한 농지관리기금의 재원이다(농지법 제38조). 한국농어촌공사에서 부과하며, 농지보전부담금 계산방법은 '<u>전용면적(m^2)×1m^2당 개별공시지가×30%</u>'(m^2당 상한액: <u>50,000원</u>)이다. 예를 들어 농지면적이 100m^2이고 1m^2당 개별공시지가가 300,000원이라 가정하고 농지보전부담금을 산출해보면 '1m^2당 개별공시지가(300,000원)×30%=90,000원으로서 상한액 5만원을 초과하므로 이런 경우에는 상한액 5만원으로 계산하여 100m^2×5만원=500만원, 따라서 농지보전부담금은 500만원이 된다.

'100×(<u>300,000×30%=90,000</u> → 50,000원으로 대체)'

'농지보전부담금'은 2006.01.22일부터 시행된 명칭으로 이전에는 '대체농지조성비'라 하였다. '농지보전부담금'이 정확한 용어로서 '농지전용부담금', '대체농지조성비', '농지조성비'라고도 불리고 있는데 모두 같은 말이다.

농지전용허가일부터 2년 이내 건축을 착공해야 하고, 착공 후 1년 이내 공사를 완료하지 않으면 전용허가가 취소된다.

농지전용허가권자

구분	농림축산식품부 장관	시 · 도지사	시장 · 군수 · 구청장(자치구)
농업진흥지역 안의 농지	3만㎡ 이상	3천㎡ 이상 3만㎡ 미만	3천㎡ 미만
농업진흥지역 밖의 농지	20만㎡ 이상	3만㎡ 이상 20만㎡ 미만	3만㎡ 미만
전용허가권한을 위임하는 지역 등의 안 '농지법시행령별표3'		10만㎡ 이상	10만㎡ 미만

참고로 산지전용시 부담해야하는 '대체산림자원조성비'의 단위면적당 금액(2013년도 산림청고시)은 다음과 같다.

- 준보전산지 : 3,070원/㎡

- 보전산지　 : 3,990원/㎡

- 산지전용제한지역 : 6,140원/㎡

■ 개발행위

개발행위란 토지를 자기가 이용하고자 하는 형태로 변경하는 것을 말하며, 다음 각항의 개발행위를 하려는 자는 특별시장·광역시장·특별자치시장·특별자치도지사·시장 또는 군수의 허가(개발행위허가)를 받아야 한다.

다만, 도시·군계획사업에 의한 행위는 그러하지 아니하다(국토의 이용 및 계획에 관한 법률 제56조 제1항).

1. 건축물의 건축 또는 공작물의 설치
2. 토지의 형질 변경(경작을 위한 경우로서 대통령령으로 정하는 토지의 형질 변경은 제외한다) : 절토, 성토, 정지, 포장 등의 방법으로 토지의 형상을 변경하는 행위 및 공유수면의 매립
3. 토석의 채취 : 흙, 모래, 자갈, 바위 등의 토석을 채취하는 행위
4. 토지분할(건축물이 있는 대지의 분할은 제외한다)
5. 녹지지역·관리지역 또는 자연환경보호지역에 물건을 1개월 이상 쌓아놓는 행위

〈용도지역별 개발행위 허가기준〉

지 역		면 적
도시지역	주거지역 · 상업지역 · 자연녹지지역 · 생산녹지지역	10,000㎡ 미만
	공업지역	30,000㎡ 미만
	보전녹지지역	5,000㎡ 미만
관리지역 · 농림지역		30,000㎡ 미만
자연환경보전지역		5,000㎡ 미만

4. 농기계 알아보기

요즘 농촌현실은 일손이 절대적으로 부족하기 때문에 농기계 의존율이 점점 높아지고 있다. 하지만 영농규모가 크지 않을 경우 가격이 비싼 농기계를 구입해 사용하기란 쉽지 않은 일이다. 요즘 사용영역이 다양한 농기계가 출시되고 있어 농사일에 큰 도움을 받지만 가격이 비싸 구입하기가 쉽지 않으나 지자체 농업기술센터나 농기계임대은행을 잘 활용하면 농기계를 구입하지 않고도 농사지을 수 있다.

하지만 고가 농기계인 콤바인이나 트랙터 등은 실상 대규모 농사를 짓는 농가에서나 필요한 것일 뿐 소규모 농가에서는 큰 필요성을 느끼지 못한다는 점 외에 고가의 농기계를 빌려 썼다가 고장이라도 날 경우 만만찮은 수리비로 인한 책임소재에 대한 부담감으로 인해 빌려 쓰는 것을 꺼리고 있어 농사현장에서는 농기계 임대업에 대한 현실성에 의문을 제기하고 있다.

▶ 관리기

비닐하우스나 과수원 등처럼 폭이 좁고 높이가 낮은 공간에서도 작업이 가능하고, 노약자·부녀자도 사용할 수 있을 만큼 조작이 간편하다. 밭고랑 만들기나 비닐피복 등 여러 작업에 이용할 수 있도록 만들어진 기계이다.

■ 볍씨를 뿌리기 전에 논을 가꾸는 기계

▶ 논두렁조성기

논에 벼를 심기 전, 무너지거나 내려앉은 논둑을 메우거나 새로운 논둑을 만들 때 사용하는 기계로서 논둑을 잘 만들어야만 물이 새지 않아 벼농사를 잘 지을 수 있다. 값이 고가이기 때문에 농기계임대사업소에서 빌려 쓰는데 바쁜 농사철에는 미리 예약을 해야 한다.

▶ 쟁기

논이나 밭의 흙을 뒤엎어 작물이 잘 자랄 수 있는 토양을 만드는 일에 쓰이는 기계이다. 원래 쟁기는 소나 말이 끄는 것이었지만 현재는 경운기나 4륜 트랙터에 부착해 사용할 수 있도록 개발해 사용하고 있다.

▶ 로타리

쟁기질한 땅을 곱게 부수어 씨를 뿌리거나 모종을 할 수 있도록 땅을 평평하게 고르는 기계로서 트랙터로부터 동력을 전달받아 흙을 부수고 고르는 일을 한다.

■ 볍씨를 뿌리는 기계

▶ 파종기

① 육묘용 파종기

모내기에 필요한 모를 기르기 위하여 육묘상자에 볍씨를 뿌려 심는 기계이다. 일하는 방법에 따라 수동식 파종기와 자동식 일관 파종기가 있다.

*수동식 파종기 : 좁은 공간에서 쓰기가 좋고 가격이 싸기 때문에 농사를 적게 짓는 농가에 알맞다.

*자동식 일관파종기 : 육묘상자 넣기, 흙 담기, 물 뿌리기, 씨 뿌리기, 흙덮기 작업을 연속으로 할 수 있어 농사를 많이 짓

는 농가에 알맞은 기계이다.

모: 육묘상자에서 기른 벼의 싹

육묘상자: 묘목이나 모를 심어서 기르는 상자를 말한다.

■ 논에 모를 심는 기계

▶ 이앙기

모판에서 자란 모를 논에 옮겨 심는 기계이다. 모를 심는 방법에 따라 조파와 산파로 구분된다. 지금은 자동차처럼 타고 편리하게 일할 수 있도록 만들고 있다.

■ 비료나 퇴비를 뿌리는 기계

▶ 액상비료살포기

크기가 매우 큰 탱크에 소, 돼지 등의 배설물이나 액상 화학비료를 싣고 논, 밭, 목초지 등을 달리며 부채모양으로 넓게 뿌려주는 농기계이다.

▶ 비료살포기

모래처럼 작은 덩어리로 된 화학비료를 뿌리거나 작은 씨앗들을 땅에 뿌릴 때 사용하는 기계이다. 살포기 위에 붙은 둥근 통에 비료를 넣고 트랙터에 달고 전진하면 통 아래 원판이 돌아가면서 비료가 뿌려진다.

값이 싼 중국산기계보다는 국산제품이 우수하다.

▶ 퇴비 살포기

퇴비장에 쌓아놓은 퇴비는 시간이 흐르면 발효되면서 덩어리져서 매우 무거운데 이 무겁게 덩어리진 퇴비를 살포하는 기계이다. 퇴비 살포기의 뒷부분에는 딱딱하게 덩어리진 퇴비들을 잘게 부수기 위해 여러 개의 칼날이 달려 있다. 짐을 옮기는 데 쓰이기도 한다.

■ 농약 뿌리는 기계

▶ 분무기

농작물을 병, 해충, 잡초로부터 보호하기 위해 물이나 약제를 안개처럼 만들어 농작물에 날려 뿌려주는 일을 한다. 사람이 직접 등에 짊어지고 뿌려주는 인력 분무기와 기계로 뿌려주는 동력 분무기가 있다(인력분무기, 동력분무기, 고성능 분무기).

■ 곡식 거둬들이는 데 사용되는 기계

▶ 콤바인

*자탈형 콤바인

논이나 밭을 운전하면서 벼, 보리 등을 거둬들이는 데 적합한 기계이다. 줄기의 아래 부분을 자르고, 벼나 보리의 낟알과 낟알에 붙은 짚, 검불, 먼지 등을 털어내고, 낟알을 털어낸 볏짚, 보리짚을 짧게 잘라 논에 뿌리거나 일정량만큼씩 모아 주는 일을 동시에 해내는 능률적인 곡물수확 농기계이다. 자탈형 콤바인은 미국이나 유럽에서 보리나 밀 수확에 알맞도록 오래 전에 개발되었던 것을 벼 수확작업에 적합하도록 개량한 기계이다. 우리나라에는 1977년부터 농가에 보급되기 시작하여, 현재 벼 수확 작업의 95%이상을 자탈형 콤바인이 하고 있다.

*보통형 콤바인

보리, 밀, 벼, 콩, 수수 등의 작물을 수확하는 데 사용되고,

밀이나 보리 등 맥류 수확에 적합한 기계이다. 다만, 이용하는데 비용부담이 커 대단위 맥류단지와 콩 재배단지에서 주로 사용된다.

▶ 탈곡기

벼, 보리, 밀, 콩 등의 줄기에서 낟알을 털어내는 기계이다. 80년대 이후 콤바인보급이 확대되면서 큰 폭으로 감소 추세에 있으며 현재 남부지방의 보리 탈곡이나 산간지대 소농가의 벼, 콩 등 밭작물 탈곡에 활용되는 정도에 그치고 있다.

*인력용

온전히 사람의 힘으로 곡식의 낟알을 떨어내는 기계이다. 그네나 홀태, 발로 탈곡통을 회전시켜 탈곡하는 족답 탈곡기가 이에 해당하며, 현재는 거의 쓰이지 않고 있으며 사진이나 박물관에서 볼 수 있다.

*동력용

동력 경운기, 전기 모터의 동력에 의해 움직이는 탈곡기이다.

▣ 농사일 및 운반용으로 사용되는 기계

▶ 경운기

우리 농촌에 가장 많이 보급되어 있는 농기계로서 벼농사뿐 아니라 농작물 운반이나 기타 용도로도 그 쓰임새가 다양하다.

▶ 트레일러

자탈형 콤바인이나 보통형 콤바인으로 수확한 벼를 포대에 담지 않고 그대로 싣고 미곡 종합처리장이나 건조기까지 운반하는 기계이다.

▶ 트랙터

땅을 가는 작업, 흙을 부수는 작업, 물건 운반하는 작업, 거름 주는 작업, 농약 뿌리는 작업, 목초 베는 작업 등 여러 가지 일을 할 수 있는 대표적인 농기계이다. 트랙터의 종류에는 바퀴의 개수에 따라 두 바퀴 트랙터(경운기), 네 바퀴 트랙터, 농업용, 임업용, 산업용, 군사용 등이 있다. 농업용 트랙터는 논용 트랙터, 밭용 트랙터, 과수원용 트랙터, 원예용(하우스 내 작업용)트랙터 등으로 분류된다. 우리나라에서는 대부분 논농사용 트랙터를 사용한다.

▶ 로더

농업용 로더는 운반용 기계의 일종으로 운반할 물건을 버킷이나 포크(fork)로 운반차량에 쌓아 올리는 기계이다. 주로 축산 분뇨를 처리하는 일, 일반 퇴비를 쌓는 일, 영양분이 많은 흙을 섞는 일, 쌓인 눈을 치우는 일 등에 사용되고, 축산용으로 주로 쓰인다.

■ 조사료 작업 기계

조사료(粗飼料)란 조섬유의 함량이 높고 거칠며 부피가 많은 반면에 값이 싼 편이고 가소화영양소(可消化營養素)가 적게 들어 있는 사료를 말한다.

볏짚, 목초의 생·건초, 산야초의 생·건초, 목초를 포함한 풋베기작물로 만든 엔실리지와 콩깍지 등의 거친 먹이가 이에 속한다.

▶ 베일러

목초, 볏짚 등을 묶어주는 기계이다.

▶ 옥수수수확기

다 자란 옥수수를 베고 잘게 절단하여 주는 기계이다.

대당 가격이 3억원 정도로 대단히 비싼 기계이다.

▶ 목초수확기

다 자란 목초를 베고 잘게 절단하여 주는 기계이다.

▶ 집초기

잘라놓은 볏짚이나 목초를 흙이나 먼지 등과 같은 불순물 유입을 적게 하면서 정결하게 모아주는 작업을 하는 기계로서 고품질의 조사료를 생산할 수 있도록 해준다.

▶ 랩핑기

묶은 목초, 볏짚을 코팅해 자체 발효 될 수 있도록 해 주는 기계이다.

※ 농기계와 관련된 궁금한 사항에 대해 농촌진흥청 농기계종합정보시스템(www.naas.go.kr)을 이용하면 농기계와 관련한 농기계구입이나 농기계 관리법 등의 유용한 정보 등을 얻을 수 있다(문의전화: 031)290-1933).

5. 친환경농산물

　농약과 화학비료 및 사료첨가제 등 합성 화학물질을 사용하지 않거나, 최소량만을 사용하여 생산한 농산물을 말한다.

　친환경농산물은 전문인증기관이 선별 · 검사하고, 이를 정부가 인증함으로써 안정성을 입증 받는다. 전문인증기관은 친환경농업육성법에 따라 필요한 시설과 인력을 갖춘 자로 정부에서 지정한다. 지정된 인증기관은 토양과 물, 생육과 수확 등 생산 및 출하단계에서 인증기준을 준수하였는지 품질검사를 실시하고, 시중에 유통된 농산물에 대해 허위표시나 규정준수 여부 등을 조사할 수 있다. 이렇게 친환경농산물로 인증되면 인증마크를 표시할 수 있다.

▶ 친환경농산물의 종류

① 유기농산물

전환기간(다년생작물 3년, 그 외 작물 2년) 이상을 유기합성 농약과 화학비료를 전혀 사용하지 않는 유기농법으로 재배한 농산물

② 전환기유기농산물

유기합성농약과 화학비료를 1년 이상 사용하지 않고 재배한 농산물

③ 무농약농산물

유기합성농약은 전혀 사용하지 않고, 화학비료는 권장시비량의 2분의 1 이하로 사용하여 재배한 농산물

④ 저농약농산물

화학비료는 권장시비량의 2분의 1 이하, 농약살포회수는 사용기준의 2분의 1 이하로 사용하고, 제초제는 사용하지 않아야 하며, 잔류농약이 허용기준의 2분의 1 이하인 농산물

※ 친환경농산물 저농약인증은 2015년도 친환경제도에서 폐지될 예정이다.

▶ 신고기한 및 유효기간

 - 신고기한 : 친환경농산물 표시 출하 전 7일까지 연중 신고 할 수 있다.

 - 유효기간 : 친환경농산물 종류변경을 하지 않거나 행정처분을 받지 않는 한 계속적으로 유효하다.

▶ 신고방법

친환경농산물 종류별로 '환경농산물 표시사용 신고서'를 관할 국립농산물 품질관리원출장소에 제출하면 된다.

단, 유기 및 전환기 유기농산물 표시사용 신고자는 '포장별 재배경력증명서'를 첨부해야 한다.

이 도서의 국립중앙도서관 출판시도서목록(CIP)은 서지정보유통지원시스템 홈페이지(http://seoji.nl.go.kr)와 국가자료공동목록시스템(http://www.nl.go.kr/kolisnet)에서 이용하실 수 있습니다. (CIP제어번호 : CIP2013023981)

꿈꾸는 귀농귀촌
바람직한 귀농귀촌

귀농귀촌 완전정복

2013년 12월 10일 / 1판 1쇄 인쇄
2013년 12월 20일 / 1판 1쇄 발행

글쓴이_ 한재형
발행인_ 김용성
발행처_ 법률출판사
등록 1996.2.15 제1-1982호

서울 동대문구 휘경동 187-20 오스카빌딩 4층
tel : 02-962-9154 fax : 02-962-9156

ISBN 978-89-5821-227-0   13520

정가 13,000원

본서의 내용과 편집체제의 무단 전재 및 복제를 금합니다.
파본은 구입하신 서점에서 교환해 드립니다.